**자전거와
카약으로**

2만Km를
달려간 남자

자전거와
카약으로

글·사진 **이준규**

2만Km를
달려간 남자

자전거를 타고 EPL을 가다

내가 맨 처음 자전거를 타고 EPL에 가서 축구를 배우려 한다는 여행 계획을 꺼냈을 때 너는 이렇게 충고했지.

"차라리 그 돈을 가지고 동남아에 가서 놀다가 바로 비행기를 타고 영국으로 날아가면 될 텐데, 무슨 미친 짓이냐?"

조금, 아니 터무니없다는 듯 회의적인 반응이었어. 하지만 지금에 와서 생각해보자면, 바로 그런 반응이 내가 자전거로 대륙을 횡단하고 다시 카약을 타고 다뉴브강을 종주하는 도전을 할 수 있었던 힘이었던 것 같아. 그러니까 그때 모두들 긍정적인 반응, 응원의 메시지를 보냈더라면 오히려 그 여행을 시작도 하지 못했을지도 모르겠다는 생각이 들어. 그런 거 있잖아. 주변에서 "넌 할 수 없어. 차라리 다른 걸 해."라는 식으로 부정적인 반응을 보이게 되면, 오히려 "아! 이것만은 보란 듯이 멋지게 해내서 너희들에게 뭔가를 보여줄 거야."라는 식으로 오기가 생기게 되는 거. 정말 그랬던 것 같아. 그래서 끝까지 해냈을지도….

여행을 준비하는 데는 그리 긴 시간이 필요하지 않았어. 긴 여행을 견딜 체력을 비축하기 위해 맨손체조와 같은 가벼운 운동을 하고, 두 달 정도 자전거를 사서 출퇴근을 하면서 안장에 적응하는 정도였지. 비가 많이 내려서 도저히 자전거를 탈 수 없겠다 싶을 때는 지하철을 탔고, 날씨가 정말 좋아서 너무나 뛰고 싶어질 때면 뛰었을 뿐 그 외에는 자전거를 타는 것으로 훈련을 대체한 거야.

여행을 끝내고 나서야 알게 되었는데, 오토바이나 자동차를 이용해서 유라시아대륙 횡단을 준비하는 사람들은 대부분 먼저 여행을 경험했던 이들로부터 많은 정보를 얻고 여행준비를 한다고 해. 하지만 나는 딱 한 분만 만났을 뿐이야. 바로 '황인범'씨지. 자전거 여행을 끝내고 다시 만났을 때, 그 형은 '내가 여행을 계획만 하고 있구나.' 정도로만 생각했었다고 하더군. 진짜로 떠날 거라고는 생각하지 못했데. 그만큼 준비가 되어 있지 않은 사람으로 보였나 봐.

아무튼 그 형을 만난 목적은 어떻게 하면 스폰을 받을 수 있는지 알아보기 위해서였어. 여행을 하다가 돈이 떨어졌을 때, 혹은 여행을 끝내고 와서 지금까지 모아놓은 돈을 다 투자했음에도 남는 게 없었을 때를 미리 걱정했기 때문이야. 형은 내게 이렇게 말했지.

"여행은 마음이 설렐 때 미래에 대한 모든 걱정, 근심, 계산을 다 접어두고 그냥 떠나는 거야."

형의 말을 들었던 순간 나는 멍해지는 느낌이었어.

'내가 너무 초심을 잃었구나. 일생일대에 내가 해보고 싶은 일을 하자, 라는 마음에서 계획한 일인데, 너무 먼 미래까지 많은 계산을 하는구나.'

여행의 본질을 잃어버렸다는 생각이 들었어.

그 뒤로는 돈 걱정 같은 건 접어 두기로 했어. 여행 자체에만 집중하자고 생각했지. 그리고 내 여행을 주변 사람들과 나누자고 생각했던 거야. 그러니까 여행지에서 사진을 찍고 엽서를 써서 친구들에게 보내는 것 같은 거.

여행 준비는 이게 전부였지. 무대책 도전! 네가 학교로 가던 그날 나는 소리 소문 없이 자전거에 올랐던 거야

Contents

Prologue

자전거 카라반,

유라시아를 횡단해 리버풀까지

유라시아대륙 횡단의 시작, 중국

베이징으로 가는 길 _ 15
자전거로 만리장성을 _ 19
다퉁에서 만난 여인 _ 21
몽골의 국경을 향하여 _ 27
중국 자전거 여행 Tipps _ 30

위대한 대자연의 나라, 몽골

위기 그리고 기분 좋은 출발 _ 31
고비사막 위에서 _ 40
칭기즈칸과 함께 울란바토르에서 _ 50
뜻 깊은 봉사활동, 어기노르 _ 55
첫 번째 라이딩 파트너 제롬 _ 61
안녕, 몽골! _ 66
몽골 자전거 여행 Tipps _ 72

아시아에서 유럽까지, 러시아

아직은 몽골 울란우데 _ 73
나의 버킷리스트 바이칼 호수 _ 78
크라스노야르스크까지 1000킬로미터 _ 85
시베리아의 수도 노보시비르스크 _ 92
한국에 있는 친구들아, 안녕! _ 96
우파에서 술병이 나다 _ 100
쉼표, 카자흐스탄 _ 104
펜자 펜자 펜자 후~ _ 109
러시아 하늘에서 뛰어내리다 _ 112
붉은 광장 모스크바 _ 117
러시아의 마지막 도시, 샹트페테르부르크 _ 122
러시아에서 보낸 90일, 7,500킬로미터 _ 125
러시아 자전거 여행 Tipps _ 127

폭설에 묻힌 발틱 3국

에스토니아 _ 128
라트비아 _ 133
리투아니아 _ 138
발틱 3국 자전거 여행 Tipps _ 139

눈이여 이젠 안녕, 폴란드

멈출 수 없는 페달 _ 142
폴란드 자전거 여행 Tipps _ 144

스위스만큼이나 아름다운 체코

고요한 프라하에서 _ 149
체코 자전거 여행 Tipps _ 153

그동안 잘 있었니? 독일

고향 같은 뉘른베르크 _ 154
다시 만난 인연 _ 159
독일 자전거 여행 Tipps _ 170

유라시아 대륙의 마지막 나라, 네덜란드

자전거의 나라 _ 171
헌신의 상징 카윗과 만나다 _ 175
네덜란드 자전거 여행 Tipps _ 177

내 여행의 목적지, 영국

Good morning. Welcome to UK. _ 178
드디어 리버풀 _ 181
영국 자전거 여행 Tipps _ 186

카약 카라반,
카약을 타고 다뉴브강을 종주하다

카약 여행의 시작

길동무 용준이 _ 189

독일의 다뉴브강

다뉴브강에 카약을 띄우다 _ 192
댐을 열 수 있어 한시름 놓은 2일차 _ 195
마음을 내려놓기 _ 198
자동차 지붕에 카약을 싣고 _ 201
독일 카약 여행 Tipps _ 202

다뉴브의 수도 오스트리아

이제야 여행할 맛이 나는군 _ 203
강제 단식 _ 206
위기 _ 208
실패한 도박 _ 211
늘 오늘 아침만 같기를 _ 213
오리 가족 _ 215
다뉴브의 수도라 불리는 빈 _ 218
감동의 아침식사 _ 221
오스트리아 카약 여행 Tipps _ 222

미인들의 나라 슬로바키아

처음으로 만난 빠른 유속 _ 223
두 번의 행운 _ 225
다뉴브강의 동지들 _ 228
복숭아 서리 _ 231
슬로바키아 카약 여행 Tipps _ 235

헝가리로 들어오다

어떤 저녁 _ 236
야경의 도시 부다페스트 _ 237
재정비 그리고 부다페스트 관광 _ 239
용준이 카약을 세차한 날 _ 242
흐발라(감사합니다) _ 245
정 부자 어부 아저씨 _ 247
헝가리 카약 여행 Tipps _ 249

정 부자들의 나라 세르비아

23일차의 버라이어티한 하루 _ 250
울며 겨자 먹기로 산 면허증 _ 254
세르비아에서는 건배란 말만 알면 만사 OK! _ 257
동양인은 처음이야 _ 260
로컬은 푸짐하고 맛있어 _ 261
물 위의 호스텔 _ 264
Too much friendly _ 266
31일차, 이제 끝이 보인다! _ 268
다뉴브강의 하이라이트 _ 270
최악의 하루 _ 273
세르비아 카약 여행 Tipps _ 276

요구르트의 나라 불가리아

행복한 고민 _ 277
황홀한 알몸 수영 _ 280
쿨한 남자 두씨Dussi _ 282
섬에 고립된 37일차 _ 285
모기와의 전쟁 _ 286
Good afternoon 39일차 _ 290
카약을 되팔다 _ 292
불가리아 카약 여행 Tipps _ 294

루마니아에서의 며칠

부크레스트Bucharest _ 295
마지막 흑해로 가는 길 _ 296
루마니아 카약 여행 Tipps _ 298

Epilogue

자전거

캬라반

유라시아를 횡단해 리버풀까지

유라시아대륙 횡단의 시작, 중국

베이징으로 가는 길

시작부터 행운이었어. 그 행운은 톈진으로 가는 배에서 만난 중국인 친구 브리오스Brios였지. 단지 중국에 대한 정보를 얻을 수 있지 않을까 하는 생각에 이야기를 나누게 되었던 친구. 그렇게 배에서 잠시 얼굴을 익혔을 뿐인데, 브리오스는 톈진으로 마중을 나온 여자 친구를 포함한 지인들과의 식사자리에 나를 초대했던 거야. 한국을 여행하고 귀환하는 브리오스를 축하하고 환영하는 자리였어. 그는 자전거를 타고 제주도에서 일주일, 서울에서 일주일을 달리며 여행을 마치고 중국으로 귀국하는 참이었지.

물론 나는 숟가락을 하나

없었던 셈이었지만 그럼에도 그들은 진심으로 나를 환대했어. 낯선 나라를 여행하면서 현지인들과 소통하면서 문화를 경험하고 더구나 환대받을 때의 기분은 특별했고, 먼 길을 이제 막 시작하면서 그 여행길을 축복받는 기분이었지.

다음날 브리오스와 헤어지고 나서부터가 진정한 여행의 시작이었어. 혼자서 찾아가야 하는 낯선 길. 다른 사람의 도움을 기대하기 어려운 상황에서 모든 걸 홀로 판단하고 결정해야 할 때 사람은 정말 외로워지는 것 같아. 영어는 통하지 않았고 나는 한자를 몰랐지. 표지판조차 제대로 읽지 못하니 어느 하늘을 바라보며 페달을 밟는단 말인가. 눈을 씻고 찾아봐도 '북경'이란 한자는 찾을 수 없었어. 그저 의심스러운 아이폰의 기본 맵에만 의지해 페달을 밟을 수밖에.

맵과 다르게 어느 순간 길이 끊겼어. 아직 도로공사가 끝나지 않은 상태였던 거였지. 그나마 다행이었던 건 공사장에서 작업을 하고 있던 이들의 도움을 받아 다시 포장도로를 찾아갈 수 있었던 거야. 그들이 하는 말을 단 한마디도 알아듣지는 못했으나 사람에겐 손과 발이 있고, 그렇게 베이징으로 가는 길을 알아냈고, 나는 첫 번째 작은 고비를 넘어설 수 있었지.

텐진에서 북경으로 가는 주요 도로는 2개야. 나는 브리오스가 추천해 준 도로를 탔는데, 그가 왜 그 도로를 추천했는지 금방 알아차릴 수 있었지. 양쪽으로 가로수들이 죽 늘어서 있는 2차선 도로는 자전거를 타고 달리기에 그만이었거든. 기분은 풀어져 나풀거렸고 스쳐가는 바람은 싱그러웠지.

베이징으로 가는 도로에는 점점 더 많아지는 게 한 가지 있어. 그건 바로 CCTV였지. 한국에서도 도로에 CCTV가 많이 설치돼 있으니 '그게 뭔 대수인가?' 싶을 거야. 하지만 베이징으로 가는 도로에 설치된 CCTV는 과속이나 교통단속 카메라 같은 게 아니라는 거야. 베이징으로 들어가는 사람들을 감시하는 용도지. 그걸 어떻게 알 수 있었느냐고? 사람이 움직이는 방향을 따라서 카메라가 움직이는 걸 보면 감시용 카메라라는 걸 알 수 있어. 그 카메라를 보는 순간 감시를 당하고, 속박당하는 느낌이 들어 아주 불쾌해지는 것을 떠나 찝찝했지. 감시라는 걸 당하고 있다고 느끼게 되면 스스로를 검열하고 조심하고 주눅이 들게 되는 것 같아.

더 낯설게 느껴졌던 건 베이징으로 들어가기 위해서는 마치 국경을 넘을 때처럼 검문소에서 검문을 받고 들어가야 한다는 거였어. 참 이상하지? 난 분명히 톈진에서 이미 철저하게 검문을 받고 들어왔는데, 단지 베이징에 들어갈 뿐인데 다시 보안 검색을 받아야 하다니. 외국인인 나만 그랬던 건 아니었어. 베이징으로 들어가는 모든 화물차며 승용차들도 전부 검문을 거쳐야 해. 한국에서는 상상도 할 수 없는 일이지. 이런걸 보면 언뜻 자유로운 것처럼 보여도 한편으로는 베이징이 보안에 얼마나 철저한지를 느낄 수 있게 돼.

가는 날이 장날이라고, 베이징에 들어가던 날부터 비가 내리기 시작했어. 베이징에 머물렀던 나흘 동안 비는 쉬지 않고 내려서 거의 호스텔에서만 시간을 보내야 했지. 자칫 지루할 수도 있었지만 위안이라면 친구를 만들 수 있었던 것. 독일에서 온 플로리안Florian과 로버트Robet였어. 특별히 할 일도 없었던 터라 그 친구들과 유로컵 조별예선을 봤어. 그리고 우리는 금방 친구가 됐지. 친해지려면 같은 취미를 가지라는 말이 있는 것처럼 축구를 좋아하는 사람끼리는 금방 친해지는 것 같아. 짧은 시간의 인연에서 속속들이 알 수는 없는 일이지만 호감이 들었고, 가까워졌지. 많은 여행을 했던 건 아니지만 여행이라는 건 서로 마음을 털어놓게 만드는 마법이 있는 것 같아. 아마도 이해타산을 따지지 않기 때문이겠지만 어쨌든 그들은 내게 독일에 오게 되면 꼭 연락을 달라며 초대를 하더라고.

베이징에 머물고 있는 동안 브리오스와 다시 만날 수 있었어. 톈진에서 헤어지기 전에 전화번호를 받았던 터였지. 그는 점심 식사 자리를 만들어 나를 초대해 주었는데, 정확한 식당 이름은 기억나지 않지만 아주 유명한 식당이라고 했어. 예약을 하지 않은 사람들은 줄을 서서 기다리고 있었으니 유명한 식당이 맞겠지. 브리오스는 북경 오리보다는 북경 자장면이 더 전통적인 베이징 요리라면서 북경 자장면과 이름 모를 전통 음식들을 한 상 가득 시켜놓고는 디저트로 중국식 떡까지 주문했어. 그가 꽤 부유하다는 걸 깨닫게 되었는데, 톈진으로 마중을 나온 여자 친구가 끌고 왔던 BMW SUV를 보았을 때는 '중국에서 조금 잘산다고 하는 사람들은 이 정도는 타고 다니겠지.'라고 생각하고 말았지만 그날은 벤츠 세단을 타고 온 걸 보고서였지.
어쨌든 배에서 안면을 트고 이야기를 나눴을 뿐인데, 그런 인연을 소중하게 생각하고 손님으로 접대하는 그를 보고 조금은 감동했지. 손님 접대를 매우 중요하게 생각하는 중국 문화의 일면일 것 같아. 브리오스는 성이 왕 씨여서 나는 그들 '왕 서방'이라고 불렀지. '왕 서방'이라고 하면 딱 느껴지는 이미지, 그러니까 재력이 있고, 왠지 친밀감이 드는 비단장수 왕 서방. 브리오스의 모습이 딱 그 '왕 서방' 같아서 혼자서 웃었어!

자전거로 만리장성을

　베이징에서 떠나던 날은 정말 날씨가 완전 좋았어! 모두들 베이징에서 파란 하늘을 보는 게 정말 어렵다고 하는데, 바로 그 파란 하늘이었지. 아마도 며칠 동안 비가 내린 뒤끝이었기 때문일 거야. 귀하디귀한 '파란 하늘'과 천안문을 배경으로 사진도 찍었지. 독일 메르켈 총리가 중국을 방문하고 있어서인지 군인들로 가득했던 넓디넓은 천안문 광장. 그다지 평화로운 분위기는 아니었어. 군인들이 총을 들고 모여 있는 광화문 광장은 좀처럼 상상이 되지 않을 거야.

　아, 그날 천안문 앞에서 사진을 찍고 있는 동안에는 이런 일도 있었어. 여행을 시작할 때 태극기를 두 개 준비해서 그 중 하나를 자전거에 꽂고 다녔는데, 사진을 찍고 나서 보니 태극기가 사라진 거야. 아무리 주위를 둘러봐도 흔적도 찾을 수 없었지. 지나가던 군인들이 뽑아간 것일까. 어이없고 화가 났고 다른 한편으로는 무서운 생각이 들기도 했어. 공산주의 국가인 중국 군인 입장에서는 자전거에 태극기를 달고

자유롭게 돌아다니는 게 맘에 들어 보이지 않았나 봐. 마지막 하나 남은 태극기마저 잃어버려서는 안 된다는 생각에 중국에서는 태극기를 떼어놓고 다니기로 했지.

올림픽 경기장을 지나, 중국에서 가장 가보고 싶었던 만리장성을 향해 페달을 밟았어. 만리장성은 베이징 시내에서 약 70킬로미터 거리. 길을 찾는 건 어렵지 않아. 'The Great Wall'이란 표시가 되어 있는 방향으로만 달려가면 되었으니까. 베이징에서 시작해서 50킬로미터 정도까지는 아주 수월한 길이야. 그렇게 수월하게 달리던 도중에 갑자기 눈앞에 나타나는 높은 산과 산 능선을 따라 어렴풋이 보이는 만리장성. 갑작스레 눈앞에 등장하는 만리장성을 보았던 순간, 나는 벌어진 입이 다물어지지 않았어. "와~ 와~" 다른 할 말이 없었지. 그건 정말이지 놀라운 광경이었어.

만약 만리장성에 갈 기회가 있다면 베이징 시내에서 오토바이를 빌려서 다녀오는 걸 추천하고 싶어. 단체관광을 하는 것보다 훨씬 자유롭게 이동할 수 있고 시간에 얽매이지도 않고, 그리고 가장 중요한 만리장성을 처음 봤을 때의 느낌, 마지막 모퉁이를 돌고났을 때 등장하는 만리장성을 보면 내가 받았던 느낌을 이해할 수 있을 거야.

이제는 계속해서 오르막길이었어. 오토바이라면 별다른 문제없이, 힘들이지 않고 멋진 만리장성을 감상하며 올라가면 되겠지만 나는 페달을 밟으며 그 오르막길을 올라야 해. 중간쯤이나 올라갔을까? 나도 모르게 입에서 문득 욕이 터져 나왔어. 그리곤 이렇게 중얼거리고 있더라고.

"중국 사람들은 정말 미쳤어. 어떻게 저 높은 곳에 성벽을 만들 수가 있었을까? 존경한다. 존경해!"

허벅지가 터져나갈 것 같았지. 그런 시간이 몇 시간쯤 계속되었고,

겨우 청청Chang Chang 만리장성에 아래에 도착할 수 있었어. 여기에서는 케이블카를 타고 산꼭대기로 올라가야 하는데, 성 위에 올라서 보는 만리장성은 또 다른 느낌이야. 한 마리의 늠름한 용이 능선을 타고 돌아다니는 것처럼 보였던 만리장성. 멀고도 먼 옛날, 벽돌을 굽고 그 벽돌을 짊어진 채 산을 오르고 그 벽돌로 성을 쌓았던 사람들 무리가 어른거리더군.

정말 추천하고 싶어. 만리장성에 갈 기회가 있다면 베이징에서 오토바이를 빌려 당일치기로 다녀오기를. 오토바이를 어떻게 빌리는지는 나도 모르지만 아마 쉽게 구할 수 있을 거라고 생각해. 중국인은 자전거식 오토바이를 많이들 타고 돌아다니니까.

다퉁에서 만난 여인

내가 자전거 여행을 계획하면서 꼭 방문하자고 생각했던 곳은 바이칼Baikal 호수, 상트페테르부크크르크St. Petersburg, 발틱Baltic 3국, 독일 그리고 마지막 목표 도시인 리버풀이었어. 나머지는 랜덤으로 여행하는 도중에 만나는 현지인들로부터 추천을 받거나 길에서 만나게 될 여행자들이 추천하는 곳을 찾아보기로 마음을 먹었던 탓에 별다른 여행지를 가지고 있지는 못했었지. 계획 없이 떠나는 게 현지인들과 융합하는 데 더 나을 것 같아서였어. 그러니까 현지인들을 만나 소통하면서 그들만이 알고 있는 맛집이나 그들만 알고 있는 숨겨진 멋진 여행지를 가보고 싶었기 때문이지.

다퉁은 그렇게 해서 가게 된 곳이야. 현지인들이 추천했던 것은 아니고 베이징 호스텔에서 만났던 독일 친구들이 추천을 해 주었던 곳이었어. 그들도 가보았던 곳은 아니고 다른 사람으로부터 아주 멋진 곳이라며 추천을 받았다고 해. 지도를 확인해보니 조금 돌아가야 했지만 그래도 들러서 가기로 마음을 먹었지. 물론 그때도 무엇 때문에 다퉁이 유명하고, 추천을 하는 이유에 대해서도 전혀 모르고 있었어.

다퉁으로 가는 길은 정말 최악이야. 중국 북쪽 지역은 산이 많고 화물차들도 아주 많아. 내가 25년 동안 한국에서 살면서 봤던 화물차보다 다퉁으로 가는 길에서 보았던 화물차들이 더 많을 거야. 다퉁에 도착하고 난 뒤에 알게 된 것인데, 다퉁 지역은 석탄이 많이 생산되는 곳이어서 그렇게나 많은 화물차들이 석탄을 운반한다는 거야. 어쨌든 마스크를 챙겨가지 않아서 나는 매연과 석탄 가루들을 온몸으로 들이마셔야 했지. 다퉁으로 가는 동안 내 폐가 버텨낼 수나 있을지 걱정이 들었어. 매일 자전거를 타면서 운동을 하는데, 내 폐는 점점 안 좋아지고 있다는 느낌이 들었고, 자전거를 타서 건강해지는 게 아니라 오히려 내 몸을 망치고 있는

것 같은 느낌이었지.

　내 상식으로 정말 이해가 되지 않는 건 중국 운전사들이었어. 꽉 막힌 도로, 그게 2차선 도로든 4차선 도로든 일단 틈만 보이면 추월을 한다는 거야. 꽉 막힌 왕복 4차선 도로에서 중국 운전자들이 어떻게 추월하는지 한번 상상해봐! 상행선 차선 두 개가 모두 막히면 일단 중국 운전자들은 갓길을 확인한 뒤에 차가 들어갈 수 있는 공간이 있으면 먼저 그 쪽을 공략해. 그러다가 더 이상 갓길로 주행하지 못하겠다 싶으면 과감하게 하행선 차선으로 들어가 하행선 도로를 달려 추월하지. 정말 기발하다고 생각하지 않니? 어떻게 그런 생각을 하는지…. 게다가 누군가 하나가 하행선 차로로 들어서 달리면 다른 운전자들도 그 뒤를 따라서 하나 둘씩 꼬리를 물고 하행선으로 넘어가서 달려. 그러다가 하행선까지 막히는 사태가 일어나는 거지. 더욱이 신기한 건 그렇게 운전을 하는데도 사고가 나는 걸 한 번도 못 봤다는 거야.

　다퉁에 도착해 호스텔을 잡고 나서 다퉁 시내에서 가장 가까운 관광지인 운강석굴로 향했어. 다퉁으로 들어갈 때는 그렇게 덥지 않았는데 다퉁 시내에서 운강석굴까지 갈 때는 엄청 더웠지. 갈라진 도로를 대충 타르로 메워놓았는데, 그 타르가 녹아 내 자전거 타이어에 붙을 정도였어. 다퉁 시내에서 운강석굴까지는 약 20킬로미터 정도인데, 체감상 훨씬 멀게 느껴졌지. 중간에 다시 다퉁으로 돌아갈까 하는 생각까지 들었어. 너무 더웠고 타르가 타이어에 붙어서 속도는 점점 줄어들고 맞바람까지 불어서 미칠 지경이었지.

　우여곡절 끝에 운강석굴에 도착해서 먼저 타이어에 붙어 있는 타르부터 떼어내려고 했는데, 타르랑 타이어가 얼마나 짝짜꿍이 잘 맞았던지 떼어내는 데 무지 애를 먹었어. 그래도 좋았던 건 운강석굴에서도

좋은 친구를 만들었다는 거야. 그녀의 이름은 판Fan. 그녀는 운강석굴에서 제일 큰 불상을 향해 절을 하고 있었지. 그녀는 불상에 절을 하는 자기 모습을 찍어 달라고 부탁했고, 사진을 찍어 주고 난 뒤에 자연스럽게 대화를 나누게 되었어. 그녀는 뉴욕에서 건축학 대학원을 다니고 있었고, 매년 여름이면 다퉁 운강석굴을 방문해 중국의 옛 건축물들을 둘러본다고 했고, "감사합니다!"를 말할 줄 알았고, 다음 달에는 한국을 방문할 계획이라고 했지. 난 영어를 능숙하게 구사하지는 못했지만 그래도 오랜만에 대화를 나눌 수 있는 친구를 만들 수 있어서 너무나 기뻤어. 별일이 없으면 함께 저녁을 먹는 건 어떻겠느냐고 묻자 그녀는 흔쾌히 예스!

다퉁 출신은 아니었지만 그녀는 3년째 다퉁을 방문했던지라 그 지역에 대해 꽤 잘 알고 있었지. 저녁은 그녀가 추천한 만두로 유명한 식당에서 먹었는데, 만두보다 더 인상 깊고 맛있었던 건 오이를 얇게 채로 썰어서 특별한 소스를 뿌려 나오는 음식이었어. 마치 오이 국수를 먹는 것 같았지. 정말 상상할 수 없는 맛! 정확한 이름은 모르겠지만, 나중에 다시 기회가 생긴다면 다시 찾아가서 먹고 싶은 오이 국수! 여름철에 정말 잘 어울리는 음식이 아닐까 생각해.

다음날은, 호스텔에서 마련해 준 택시기사와 함께 다퉁 근처의 유명 관광지를 돌아보았어. 그중 단연 최고는 절벽 위에 세워진 사찰이야. 현공사라고 했지. 사진을 보면 어디선가 한 번쯤은 보았던 곳이라는 생각이 들 것도 같은데, 옛날 중국인들은 정말 놀랍다는 생각밖에 들지 않았지. 먼 옛날에 수학적, 건축학적으로 모든 것을 완벽히 계산해서 지금까지 보존 가능한 절을 만들었으니 말이야. 그것도 아무런 기계 장비도 없이. 청나라 말기 이전까지는 중국이 세계에서 가장 잘 나가는 나라라고 듣곤 했는데, 정말 그 말이 틀리진 않았다는 생각이 들었어.

내일이면 정말 중국의 향취가 강하게 배어 있는 다퉁을 떠나. 먹을거리며 볼거리가 정말 다양했던 다퉁. 몇 백 년을 버텨온 장엄한 다퉁 성이 풍기는 위엄은 정말 대단하다는 느낌이 들었던 곳이었지. 즐거운 추억을 선물한 판Fan 때문에 더 기억에 남을 다퉁.

몽골의 국경을 향하여

다퉁을 벗어나 내몽고를 달렸고 이내 국경이었어. 다퉁에서부터 국경까지는 약 400킬로미터 거리인데, 내몽고에서부터 사막이 시작되는 느낌이었지. 도시는 몇 개 보이지 않았고 그 몇 없는 도시를 벗어나면 푸른 초원이었어. 푸르른 초원 말고는 정말 아무것도 없지. 언덕도 없고 차들도 거의 없어. 다만 상태가 좋지 않은 2차선 도로만 끝없이 흘러가고 있을 뿐이야.

내몽고에는 야생마가 정말 많아. 무리를 지어 돌아다니다가 더울 때는 나무 아래나 큰 하수구 안으로 들어가서 더위를 피하고 오후가 되면 어디론가 이동하지.

저녁 무렵 초원에 텐트를 치고 밤을 보낼 준비를 하고 있을 때였어. 어디선가 말떼가 나타나더니 우르르 몰려가는 거야. 문득 끔찍한 생각이 들었어. 한밤중에 말들이 내 텐트를 미처 보지 못하고 짓밟고 갈 수도 있다는 생각을 하니…. 만약의 경우를 대비해서 텐트 앞에 자전거를 눕혀 놓았어. 자전거는 망가지겠지만 목숨은 건질 수 있을 거라고 생각하면서.

   내몽고의 밤은 정말 추워. 낮에는 30도를 웃도는 더위지만 해가 지기 시작하면 10도 이하로 떨어져. 게다가 짐을 줄여 보겠다는 생각에 집에서 굴러다니던 아주 얇고 가벼운 침낭을 가져갔으니 개고생은 예정된 수순이었지. 텐트를 치고 나면 하루 동안 페달을 밟느라 쌓인 피로 때문에 순식간에 곯아떨어졌다가도 한밤중에 추위 때문에 잠에서 깨어나곤 했어. 추위에 깨고 다시 선잠에 들기를 반복하면서 밤을 견디곤 했지. 결국 마지막 중국 도시인 에언호트Erenhot에 들어가자마자 시장으로 갔어. 그리고 아무리 추워도 견딜 수 있을 것처럼 보이는 아

주 두꺼워 보이는 침낭을 하나 샀지. 이젠 더 이상 추위에 떨지 않으리라 스스로를 위로하면서.

에언호트의 호텔에서 몸과 마음을 재정비하면서 내일이면 들어가게 될 몽골에 대해 알아보았어. 그리고 그제야 고비사막으로 들어가게 된다는 걸 알게 되었지. 멘탈이 나갔어. 숙박비가 비싸긴 해도 하루 더 머물면서 정보를 좀 모아야겠다는 생각이 들어서 이곳저곳 카페와 블로그를 찾아보면서 정보를 얻긴 했는데 오히려 그런 정보들이 나를 더 두려움 속으로 몰아넣었어. 나보다 먼저 고비사막을 여행했던 이들은 비포장도로를 달려야 하는 길이고, 물이 떨어질 때를 대비해 사막에

있는 작은 마을들과 상점들을 전부 체크해 놓은 다음, 500밀리리터짜리 작은 생수병 한 박스를 준비했다고 적어 놓고 있었어. 고급 정보들인 것 같았지만 그런 정보를 얻어서 다행이라는 생각보다는 불안, 두려움, 걱정을 떠안게 되었지.

하지만 걱정을 한다고 해서 문제가 해결되는 건 아니잖아. 그리고 내 스타일은 일단 그냥 부딪혀 본다는 거지. 일단, 중국에서 자전거를 타고 오는 동안 좋아하게 되었던 중국 전통음식으로 마지막 만찬을 푸짐하게 즐기고 난 다음, 나 스스로에게 모든 게 잘 풀릴 거라는 최면을 걸면서 꿈나라로 직행!

중국 자전거 여행 Tipps

비자 만들기

대한민국의 여권은 아주 편리하다. 여권만 가지고 비자 없이 웬만한 나라들은 모두 여행할 수 있다. 하지만 아주 가까운 나라인 중국은 예외다. 여행을 시작하기 전 비자를 신청하려 했을 때, 기간에 따라서 단기, 중장기, 장기비자로 나뉘어 있음을 알게 되었다. 나는 60일짜리 중장기 비자를 신청했다.

단절되는 세상과의 교류

텐진으로 향하는 배에서 브리오스가 내게 알려 준 것은 중국은 구글, 페이스북, 인스타그램 등등 모든 SNS가 막혀 있다는 것이다. 중국에 도착해서 알게 된 사실은 위와 같은 SNS뿐만 아니라 카톡도 가끔 잘 안 될 때가 있다. 인터넷은 중국어로만 되어 있는 사이트를 사용해야 한다. 구글 번역기를 사용할 수 없으니 기본적인 중국어는 준비해서 떠나야 한다.

중국인만 이용할 수 있는 숙박업소

중국은 숙박업소가 두 가지로 구분된다. 중국인만 숙박할 수 있는 업소, 중국인과 외국인 모두 숙박할 수 있는 업소. 일단 호텔 예약 앱에 올라와 있는 건 후자 쪽이다.

위와 같은 사전정보 없이 중국어로 호텔이라는 간판만 보고 들어간 적이 있었는데, 몇 번은 중국인이 아니라는 이유에서 숙박할 수 없었고, 운이 좋게 한번은 숙박할 수 있었다. 두 숙박업소의 가장 큰 차이점은 가격이다. 중국인만 이용할 수 있는 숙박업소는 정말 저렴하다.

따뜻한 침낭

시베리아를 지나갈 때도 여름일 것이어서 집에서 굴러다니는 허름한 침낭 하나만 준비해 떠났다. 내 몽고로 들어가기 전까지는 얇은 침낭으로도 그럭저럭 불편 없이 밤을 보낼 수 있었지만, 내몽고로 들어가고 나서부터 추위에 떨어야 했다. 내몽고부터는 일교차가 심하기 때문에 따뜻한 침낭을 미리 준비하거나 내몽고로 들어가기 전에 침낭을 구입하도록 권하고 싶다.

자전거용 마스크

도로를 달리다 보면 매연과 자동차가 지나가면서 일어나는 먼지 때문에 고통스럽다. 특히 다퉁 지역을 가는 길에는 석탄을 싣고 다니는 트럭이 아주 많아서 한 번은 선글라스를 쓴 눈 부위만 빼고는 온통 까매져서 팬더가 된 적도 있었다. 자신의 폐를 지키고 싶다면 자전거용 마스크를 꼭 준비하자.

위대한 대자연의 나라, 몽골

위기 그리고 기분 좋은 출발

몽골 국경을 넘어 곧바로 고비사막으로 들어가려고 생각했지만 몽골여행의 시작이라고 할 수 있는 자민우드Zamiin-Uud에서 뜻밖에 좋은 인연이 만들어져 며칠 동안 머물게 되었어.

일단 중국 국경을 넘는 과정부터 설명을 해 줄게. 국경을 넘기 위해서는 무조건 차량에 탑승해야 해. 에언호트Erenhot 시내에서 벗어나 몽골로 들어가는 길에서는 지프차들이 지나다니며 내게 흥정을 걸어오기 시작했지. 왠지 성급하게 그들과 흥정을 끝내 지프차를 타게 되면 덤터기를 쓰게 될 것 같았어. 사람 마음이 원래 그렇잖아. 그래서 시장에 가서 같은 걸 살 때도 입구에서 일찍 사면 비쌀 것 같아서 한참 들어간 곳에서 물건을 사는 일이 종종 생기는 것처럼 말이야. 어쨌든 국경 근처까지 가서 다시 흥정을 해야겠다고 생각했지. 아마도 거기에 가면 차도 더 많을 것 같았고, 그럼 수요공급의 법칙에 따라 더 저렴한 차를 골라 탈 수 있을 거라고 생각해버린 거야. 근데 웬걸, 가는 날이 장날이라고, 내가 국경을 넘는 날은 중국에서 몽골로 들어가는 짐들이 많지 않았던 날이었던지 상황이 정반대로 진행되고 있었어. 두 시간이나 허비하고도 전날 블로그에서 보았던 요금보다 더 비싼 값을 치르고 겨우 지프차를 얻어 탈 수 있었지. 그 차에는 몽골로 들어가는 짐들, 내 자전거, 귀국하는 몽골인 한 분, 나 그리고 몽골인 지프차 주인이 타고 있었지.

나와 몽골인은 걸어서 국경사무소로 들어갔고 지프차와 주인은 차량을 검사하는 곳으로 따로 들어갔어. 별 문제는 없었지. 나와 동행중인 몽골인은 중국 출국심사와 몽골 입국심사를 다 마친 뒤에 지프차가 통과하기를 기다렸어. 두 시간은 기다렸을까? 내 자전거가 실려 있는 지프차가 검문소에서 나올 생각을 하지 않는 거야. 함께 타고 왔던 몽골인도 이상한 생각이 들었는지 검사를 마치고 빠져나온 다른 차주에게 다가가 사정을 물었어. 맙소사! 우리가 타고 온 지프차 주인이 여권을 가져오지 않아 다시 중국으로 돌아갔다는 거야. 하늘이 무너지는 것 같았어.

'아, 어떻게 해야 하지, 어떻게 내 자전거를 찾지?'

검문소에 다시 들어가서 직원들에게 어떻게 해야 내 자전거를 찾을 수 있는지 물어봤지만 아무런 소용이 없었어. 몽골어라곤 한마디도 하지 못하다보니 온갖 방법을 사용해 보디랭귀지로 설명을 해보았지만 그들을 이해시키는 데는 역부족이었던 거야. 물론 그들이 내 처지에 별 관심이 없었을 수도 있고 말이지.

그나마 다행인 건 함께 동행 했던 몽골인이 있었다는 거였어. 그 또한 커다란 짐을 지프차 뒤에 싣고 검문소를 넘어왔다가 나와 같은 처지가 된 신세였거든. 믿을 건 그분뿐이라는 생각이 들었지. 그는 말이라도 통하니까. 나는 그분이 가는 대로 졸졸졸 따라다녔어. 초조한 시간 속에서 상황이 조금 바뀌기 시작했는데, 그건 영어를 할 줄 아는 직원이 출근을 했다는 거야.

내가 자초지종을 설명하자 그는 어떻게 된 상황인지 알아봐 주겠다고 나를 안심시켰어. 아, 이제 뭔가 해결이 되려나 싶은 참인데, 마침 나와 동행했던 몽골 분이 나를 향해 소리를 쳤어.

"바이시클 히어 히어!"

대충 짐작이 가니? 그래! 내 자전거는 그동안 계속해서 중국 측 검문소에 있었던 거야. 일단 자전거를 찾을 수 있다는 생각에 마음이 진정되기 시작했어. 몽골인 동행자가 다시 중국측 검문소로 가서 자기 짐과 내 자전거를 끌고 오는 모습을 보면서 나는 울 뻔했지. 몇 주밖에 타지 않은 자전거를 잃어버릴 뻔했다는 건 둘째 치고 여권을 제외한 짐들이 다 그 지프에 실려 있었거든. 이제 여행을 시작하고 있는 건데, 아니 제대로 시작도 하지 못했는데, 한국으로 되돌아가게 될 뻔했으니 오죽했겠어. 다시 생각해도 끔찍한 순간이었지.

맨 처음 지프차가 중국으로 되돌아갔다고 했을 때 들었던 생각은 하나였어.

'난 사기를 당한 거야.'

아무런 생각도 나지 않고 그저 멍했지. 말도 통하지 않는 사람들 속에서 사기를 당하고 다시 한국으로 돌아가야 하는 한국 촌놈. 하지만 정의는 살아 있고, 운명은 내 손을 들어준 거야. 몽골인 동반자가 검문소에서 내 자전거를 끌고 오는 걸 보았던 그 순간은 어쩌면 다시없을 환희였지! 얼마나 많은 생각들과 감정들이 일어났다가 사라지곤 했던가! 지금도 절대로 잊혀지지 않는 순간순간들이었지.

자전거를 다시 받아 국경을 빠져나가려고 하자, 몽골 직원이 나를 붙잡더니 "국경에서는 무조건 차를 타고 가야 한다."면서 공짜로 타고 갈 차를 잡아주겠다고 했어. 그리고 그 직원 덕분에 차를 얻어 타고 국경을 빠져나올 수 있었지.

국경을 통과한 나는 일단 자민우드로 들어갔어. 내일 고비사막을 달리기 위해서는 먼저 준비를 해야 했기 때문이야. 자민우드에는 호텔이 3개뿐인데, 일단 그 세 곳을 일일이 찾아가 비교해서 숙박비가 가장 저렴한 방을 잡았어.

급한 건 자전거를 정비하는 거였지. 짐받이를 고정해놓은 나사가 빠졌기 때문이야. 말 한마디 통하지 않는 몽골에서 겨우겨우 호텔을 잡기는 했는데, 빠진 나사를 끼워야 한다는 건 또 어떻게 설명해야 하나? 무조건 부딪히는 수밖에. 일단 자전거를 호텔 사장님 앞으로 끌고 가서 나사가 박혀 있는 부분을 가리킨 다음, 나사가 사라진 곳을 가리키면서 "없어졌다!"는 온갖 몸짓을 했어. 처음에는 잘 알아먹지 못하시더니 잠시 후 아내와 얘기를 나누시고는 나를 보고 따라오라는 손짓을 했어. 혹시 모르니 자전거를 가지고 호텔 사장님을 따라 그 동네에 있는 유일한 철물점으로 갔지. 호텔 사장님이 뭐라고 말씀을 하시자 잠시 후 철물점을 하고 있는 다쉬카Dashka가 여러 종류의 나사들이 들어 있는 통을 가지고 왔어. 그리고 나를 보았지. 그 눈은 이렇게 말하고 있었어.

"어떤 나사를 찾는 거야?"

난 대답 대신 한숨이 나왔어. 호텔에서도 한 30분은 설명한 것 같은데… 몇 초의 정적이 흐르고 다쉬카가 물었어.

"Can you speak English?"

할렐루야! 나는 다쉬카에게 나사가 빠져나간 부분을 보여주면서 설명을 해 주었어. 궁합이 맞는 나사를 찾으면서 "어디서 왔느냐?" "어떻게 왔느냐?"하고 질문을 늘어놓던 다쉬카는 자기도 자전거 타는 걸 좋아한다면서 자기 친구 중에 자전거 수리하는 친구가 있다며 함께 가자고 했어. 혹시 자전거에 필요한 것이 있으면 가져오면 된다면서. 그리곤 자전거 수리를 하는 친구 집으로 함께 가서 자전거 짐받이를 가져와 자전거 앞쪽에 설치했어. 침낭을 싣게 될 자리지. 그래야 뒤쪽 짐받이에 다른 짐들을 실을 수 있을 거 같았거든. 그렇게 같이 몇 시간을 보내는 동안 자연스럽게 축구에 대한 이야기가 나왔어. 역시 축구는 만국 공통어야.

"내가 자전거를 타고 리버풀로 가는 건 축구를 공부하고 싶어서야."

"와, 대단한데… 오늘 저녁에 학교 운동장에서 축구를 할 건데, 같이 할래?"

축구라면 무조건 OK지! 나는 덕분에 고비사막의 입구에 있는 학교의 인조잔디구장에서 공을 찰 수 있는 특별한 경험을 할 수 있었어. 운동장 네 모퉁이에는 모래가 쌓여 있고, 모래바람이 불면 공차는 걸 멈춰야 했지만 정말 재밌었어. 몽골 친구들은 공을 잘 찼지. 내 또래의 친구들뿐 아니라 그 학교에 다니는 학생들도 함께 공을 찼는데, 축구를 좋아하는 사람이라면 다들 알 거야. 처음에는 좀 어색하지만 몇 경기함께 뛰고 나면 친구가 되어 있게 되는 거 말이야. 몽골친구들과도 그랬어. 경기가 끝나고 나니 그냥 모두 친구가 되어 있었지. 정말 오랜만에 신나게 공을 찼던 것 같아. 마치 내일 고비사막으로 들어갈 계획이라곤 전혀 없이 그곳에 계속해서 머물 사람처럼 말이지.

축구가 행운의 메신저였을까? 경기가 끝났을 때 다쉬카가 내게 말했어.

"농구 하러 갈 건데 같이 갈래?"

뭐? 방금 세 경기씩이나 공을 찼는데, 농구? 내가 고개를 저었어.

"아니야, 난 됐어. 너무 지쳤어. 그리고 내일 고비사막에서 자전거를 타야 해."

"좀 더 머물렀다 가! 내일은 호텔에서 자지 말고 우리 집으로 와서 며칠 더 머물다 가라고."

다쉬카의 말을 듣는 순간, 이런 생각이 들었어. '그래 이렇게 어울려 노는 게 여행이지.' 그리고는 고개를 끄덕여 그의 호의를 받아들였지.

호텔에서 밤을 보내고 아침에 다쉬카네 집으로 가는데 마치 오래된 친구 집을 찾아가는 기분이 들었어. 그리고 예정에도 없이 다쉬카의 집에서 3일을 더 머물게 되었지. 다쉬카의 친구들은 항상 가게에 와서 같이 TV를 보거나 카드게임을 하고, 다쉬카 어머니가 차려 주신 밥을 먹고, 저녁에는 농구를 하고, 자전거 탔어. 나도 그들 틈에서 함께 어울렸지. 마치 오랫동안 알고 지냈던 친구들처럼 말이야.

한번은 다쉬카가 내게 꼭 먹여 주고 싶은 게 있다고 했어. 양의 뇌였어!

"양의 뇌?"

"응, 양 머리 속에 든 뇌!"

"아, 정말 고마운데 난 못 먹을 거 같아…."

하지만 그는 내 말은 듣지도 않은 채 차에 타더니 시동을 걸고 바이자Bayrja를 픽업해서 한 식당으로 나를 데리고 갔어. 나는 절대로 먹기 싫다는 표정을 지었지만, 그 친구들은 무슨 수를 써서라도 꼭 먹이고 말겠다는 표정이었지. 식당은 아직 영업할 준비되지 않아서 한 30분은 기다려야 된다고 했는데, 다행인 건 다쉬카가 참을성이 부족하다는 거야. 식당에서 나와 집으로 그냥 돌아가겠지 했는데 이번엔 정육점으로 가더라고. 나는 차마 눈을 뜨고 정육점에 펼쳐진 광경을 볼 수가 없었어. 우리나라 정육점은 참 양반인 거야. 소가 통째로 껍질만 벗겨진 채

매달려 있고, 우리나라에서는 볼 수 없었던 모든 기관을 거기서 다 보았던 것 같아. 토할 것 같았어. 아, 양 뇌는 어떻게 됐느냐고? 다행히 오늘은 잡은 양이 없다고 했지! 억지로 양 뇌를 먹게 될까봐 얼마나 조마조마했는지. 차에 타자마자 나는 놀리듯 말했어.

"운이 없었네. 하지만 다행이야. 너희들 미션이 실패해서."

나중에 알고 보니 중앙아시아 국가에선 진짜 귀한 손님에게만 양 뇌를 대접하는 거라고 하더군…. 그때는 그저 나를 놀려주려는 생각인 줄 알았는데, 미안해 다쉬카!

코파아메리카컵 아르헨티나와 칠레의 경기를 보고 자민우드를 떠났어. 경기가 끝나고 본격적으로 고비사막으로 들어갈 준비를 했지. 앞에서 이야기했잖아, 중국에서 어떤 블로거가 올린 정보에서 생수 한 박스를 사서 고비사막을 들어갔다는 글. 나는 그 정도로 많을 물을 싣고 가는 건 힘들 것 같아서 1.5리터짜리 6개(9리터)를 사서 자전거에 실으려고 하자 옆에서 보고 있던 바이자가 말했어.

"여섯 개는 너무 많아. 무겁기만 하지. 두 병만 챙겨가도 다음 마을인 샤인샌드Sainshand에 도착할 수 있어."

엥? 누구는 작은 물병으로 한 박스를 챙겨 갔는데 2병으로 충분하다고?

"블로그에서 본 한국인은 엄청 가져갔다고 하는데?"

"두 병이면 충분해. 나를 믿어"

"다쉬카! 진짜야?"

"응, 우리가 자전거를 타고 갈 땐 그 정도만 챙겨 갔어. 그런데 넌 처음이니까 네 병이면 될 것 같은데?"

그러자 바이자가 다시 말했어.

"아니야, 네 병도 엄청 무거워. 세 병이면 충분해!"

"나는 처음이니까 그래도 네 개 가져갈래."

"무겁다니까. 가다가 버리고 싶을걸."

그러자 다쉬카가 다시 끼어들었어.

"아니야, 처음이니깐 4병이 적당한 것 같아. 그런데, 너 호신용품은 있어? 총이라든지 호각 같은 거."

"아니? 아직 칼도 없는데, 칼은 러시아로 넘어가서 사려고 해. 왜?"

"야, 사막에는 늑대랑 야생동물이 많은데, 그런 것도 준비를 하지 않고 간다고?"

"괜찮아. 한 마리쯤은 상대할 수 있어. 내 공구함에 망치랑 톱이랑 있으니까 그거면 충분해."

다쉬카는 마지못한 듯 고개를 끄덕이더니 이렇게 말했어.

"위험할 텐데. 네가 정 그렇다면, 마음대로 해."

그렇게 모든 협상이 끝나고 나는 고비사막으로 들어갈 준비를 마쳤

지. 마지막으로 친구들과 일일이 작별의 인사를 나누고, 다쉬카 어머니와는 사진까지 찍은 다음을 사막을 향해 자전거에 올랐어.

　다쉬카와 바이자는 고비사막 입구까지 바래다주겠다면서 나와 함께 집을 나섰지. 짧은 시간을 함께 보냈을 뿐이지만 나는 그들로부터 진한 우정을 느낄 수 있었고, 행복한 시간이었어. 그리고 기본적인 몽골어도 배울 수 있었지. 살아가는 동안 정말 잊기 어려운 소중한 추억으로 남을 것 같아.

중국에서 처음 고비사막을 넘어야 된다는 것을 알았을 때만 해도 나는 "아직 여행 초반이니 그냥 달리면 되는 거야."라면서 자기최면을 걸기는 했어도 사막이란 단어가 주는 압박감과 불안감에서 벗어날 수가 없었어. 하지만 행운처럼 찾아온 인연, 다쉬카를 만나 3일 동안 함께 지내면서 점점 그런 불안감으로부터 벗어날 수 있었고, 마음도 차분해졌지. 다쉬카 집을 떠나 사막을 향해 페달을 밟을 때는 불안감과 의구심은 완전히 사라지고, 오히려 사막을 여행한다는 설렘마저도 들었어. 여느 길처럼 그렇게 지나가게 될 길. 긍정적인 마인드로만 충만해진 거지.

다쉬카와 바이자를 돌려보내고 나는 혼자서 사막을 향해 페달을 밟았어. 이제 나는 고비사막으로 들어가. 진정한 모험을 시작하는 거지.

고비 사막 위에서

나는 지금 고비사막을 달리고 있어. 생각했던 것보다는 그다지 덥지 않아. 그리고 어렵지도 않아. 참 다행인 건 지금까지는 모래바람이 불

지 않았다는 거야. 다쉬카의 말에 따르면 모래바람이 불 때는 절대로 자전거를 탈 수 없다고 했어. 만약 모래폭풍이 불면 큰 하수구에 들어가 쉬어 가라고 했지. 모래폭풍은 아니지만 그래도 몇 차례 거센 바람을 만나기는 했어. 그럴 때면 차라리 걸어가는 게 더 빠를 것 같은 기분이 들지. 하지만 꾹 참고 달리다 보면 바람이 잔잔해져서 다시 잘 달릴 수가 있게 돼.

사막에는 산도, 높은 언덕도 없어서 시야가 20킬로미터 정도는 훤히 열려 있는 것 같아. 구름의 움직임도 잘 볼 수 있지. 특히 소나기구름의 움직임 말이야. 자전거를 타고 가는 동안 그런 구름을 보고 스스로 예상할 수가 있는 거야.

'아, 조금 있으면 소나기가 시원하게 내리겠구나.'

그럼 내 예상대로 얼마 지나지 않아 소나기가 한바탕 쏟아지지. 웬만한 소나기는 맞고 달려도 괜찮아. 대기가 매우 건조하기 때문에 소나기를 맞아도 한 시간이나 두 시간 쯤 달리다 보면 속옷까지 다 마르거든.

사막에서 라이딩을 하는 동안에는 위험한 순간이 몇 차례 있었어. 그 중 하나는 엄청나게 쏟아지는 국지성 소나기를 만났을 때였지. 위험한 상황에서도 사진을 남기는 직업정신을 발휘했는데, 아쉽게도 동영상을 찍는다는 건 까먹었지.

아무튼 내가 만난 국지성 소나기는 구름의 색깔부터가 달랐어. 완전히 새카만 구름. '적어도 10분 이내에 저 소나기구름과 만나겠구나.'라고 느낀 나는 이번에는 무조건 하수구로 몸을 피해야겠다고 생각했어. 뭔가 느낌이 심상치 않거든. 그래서 자전거를 끌고 가까운 하수구로 몸을 피한 거야. '한 30분 정도 내리고 말겠지.' 라고 가볍게 생각했지.

비가 내리는 동안 하수구에서 앉아 휴식을 취하고 가자는 가벼운 생각이었어. 소나기구름이 점점 가까이 다가왔고, 비가 내리기 전에 먼저 엄청나게 굵은 우박이 떨어져 내리기 시작했어. 그렇게 한 15분 정도 우박이 쏟아지더니 천천히 비가 내리기 시작했어. 그리고 하늘은 완전 짙은 회색이었지. 검다시피 짙은 회색의 구름이 온통을 하늘을 뒤덮었어. "진짜 시원하게 내리네." 소나기를 구경하며 20분 정도를 하수구에 앉아 있었을까? 비가 점점 더 거세게 퍼붓기 시작하더니 이제는 내가 비를 피하고 있던 하수구로 물이 흘러들기 시작했어. 나는 일단 자전거에 올라앉아, 넘어지지 않게 하수구 벽에 몸을 기댔어. 그때까지만 해도 좀 있으면 멈출 거라고 확신하고 있었지. 그런데 웬걸! 물이 점점차 오르기 시작하더니 타이어의 3/1이 잠기는 데도 비는 그칠 생각이 없는 거야. 자전거에 타고 있는 상태로 운동화를 슬리퍼로

갈아신고는 간절히, 아주 간절히 비가 그치길 기도했어. 물이 얼음물만큼이나 차가워서 체온이 점점 떨어지기 시작해 사시나무처럼 떨려왔어. 물은 점점 더 높게 차오르고, 이대로 비가 계속해서 온다면 수량이 급격히 불어나 휩쓸리게 될 위험에 처할 수도 있어서 겁이 났고, 그렇다고 달리 비를 피할만한 곳도 없었지.

다행히 하늘이 도왔어. 비가 그치기 시작한 거야. 나는 비에 젖어 한없이 무거워진 자전거를 끌고 비탈을 기어올랐어. 물을 잔뜩 먹은 진흙과 미끈거리는 슬리퍼, 있는 힘을 다해 자전거를 도로 위로 끌고 올라왔을 때는 마치 영화 '쇼생크 탈출'에서 하수도를 기어 감옥을 탈출한 주인공 앤디 꼴이었지.

도로에 올라서자마자 나는 비상식량인 롤케이크와 초콜릿을 흡입했어. 체온이 떨어지고 에너지가 고갈돼 단 걸 먹지 않으면 정신이 잃었을 거야. 입에 당을 쑤셔 넣고 나서야 겨우 정신을 차려 다시 자전거에 탈 수 있었지.

　어차피 젖어도 해가 나면 금방 마르니까 평소처럼 그냥 라이딩을 계속해도 문제가 없지 않을까 하고 생각할 수도 있겠지. 하지만 그건 더 위험한 일이야. 내가 빗속에서 자전거를 탈 수 있느냐, 없느냐의 문제를 떠나 가끔씩 지나치는 차들이 있기 때문이지. 강한 비로 그들이 시야를 확보하지 못해서 나를 보지 못하게 되면 나는 곧장 저 세상으로 가게 될 위험이 크기 때문이야. 이런 비에는 정말 몇 미터 앞이 보이지

　않을 정도니까 말이지.

　정말 무서웠던 또 다른 기억은, 들개 떼에게 쫓겼던 얘기야. 사막에
는 야생동물들이 정말 많아. 야생마, 소, 낙타, 그리고 들개…. 난 그 들
개들을 미친개라고 불러. 미친개들은 무리를 지어서 다니는데, 딱 한
번 길에서 그 미친개들과 마주친 적이 있었어. 처음에 멀리서 봤을 때
는 희미한 점처럼 보였지. 그러다가 점점 가까워지면서 조금씩 자세

히 보이기 시작했는데, 무슨 상황인지 확인을 해보니 들개 3마리가 소를 사냥해서 내장을 파먹고 있는 중이었어. 상황을 알아차렸으면 잽싸게 자리를 피해야 했어. 그런데 인간이란 존재가 본래 그런 건지, 나만 그런 건지 모르겠지만 빨리 이 자리를 피해야 한다는 본능적인 경고를 무시하고 마치 사파리 체험을 하듯 그 살벌한 광경을 지켜보고 있었던 거야. 그러다가 어느 순간 식사 중이던 들개님 눈에 내 시선이 거슬렸나봐. 우리의 시선이 공중에서 딱 마주쳤다고 느끼는 순간 나는 나도 모르게 이렇게 말했어.

"아, 망했다."

눈빛만으로도 뭔가가 통한다는 건 바로 이런 건가봐. 나는 개의 눈빛을 보고 개의 생각을 읽을 수 있었지.

"어, 우리의 후식이네?"

혼비백산한 나는 엄청난 속도로 페달을 밟기 시작했어. 식사를 중단하고 후식을 먹기 위해 맹렬하게 짖으며 달려오는 미친개들과 고양이에게 쫓기는 쥐의 심장으로 미친 듯이 페달을 밟는 나!

이번에도 나는 운이 좋았어. 정말 다행이었지. 드물게 지나가는 커다란 화물차가 나를 추월하기 전에 경적을 울려댔고, 덕분에 깜짝 놀란 미친개들이 겁을 집어먹고 달아나는 것으로 미친개와 자전거 탄 인간 사이에 벌어졌던 추격전도 막을 내리게 되었다는 거야. 평소라면 그다지 달갑지 않았을 트럭이 그때는 얼마나 고마웠던지. 그 트럭이 아니었다면 사냥당한 소처럼 미친개들의 후식이 될 운명으로부터 벗어날 수 있었을까? 알 수 없는 일이야. 비로소 호신용 무기가 있어야 한다는 다쉬카의 말이 괜히 겁을 주기 위함이 아니었음을 깨달았어.

그럼 나중에 호신용 무기를 샀느냐고? 아니, 그렇지는 않아!

고비사막의 하늘은 정말 깨끗해. 미세먼지라곤 한 톨도 찾아볼 수 없을 것처럼 아주 짙은 파랑색을 띠고 있었어. 거의 남색에 가깝지. 늘 텔레비전 뉴스마다 미세먼지 경고를 보여주는 서울 하늘을 보다가 사막의 하늘을 보면 경이로움, 그 자체야. 그렇게 하루 동안의 라이딩을 마치고 나서 평평한 곳을 찾아 텐트를 친 다음 저녁을 먹고 나면 한 8시 무렵. 그럼 더 이상 할 게 없어.

인터넷도 안 되고, 친구도 없지. 그땐 한국에서 가져온 『돈키호테』를 읽으면서 외로움을 달랬어. 책이 워낙 두꺼워서 여행이 끝날 때까지 함께 할 수 있을 거라 믿었었지. 『돈키호테』는 독서용뿐 아니라 엄청 두꺼워서 베개로도 요긴하게 쓰이는 일석이조의 역할을 하고 있었고.

그렇게 『돈키호테』를 읽다 보면 해가 지고, 해가 지면 더 이상 아무 것도 할 수 없으므로 텐트에 들어가서 잠을 자. 자연과 함께 흘러가며 살아가는 거지.

새벽이었어. 정확히 몇 시였는지는 모르겠지만 화장실이 너무 가고 싶어서 텐트를 열고 밖으로 나섰지. 무심코 하늘을 보았다가 깜짝 놀랐어. 너무나도 황홀했지. 내가 마치 달나라에 있거나, 우주공간에 떠 있는 느낌이랄까? 내가 지금까지 살아오면서 보았던 별들을 전부 다 합치고 곱하기 몇 배를 해도 지금 내 머리 위에 깔려 있는 별들보다는 턱도 없이 적었을 거야. 볼일을 보고 텐트에 다시 들어온 뒤에도 텐트 문을 열어놓은 채로 침낭 속에 누워 밤하늘을 바라보았어. 한 15분 정도는 그렇게 아무런 생각 없이 물끄러미 하늘을 바라보기만 했어. 그러다가 나도 모르게 눈물이 솟구쳐 볼을 타고 흘러내리는 게 느껴졌지. 왜 그때 그렇게 눈물이 솟았는지는 나도 몰라. 너무나도 감동적인 풍경 때문이었을까? 그 뒤로 나는 종종 텐트 문을 열어 놓고 잤어. 나도 모르게 잠에서 깨어날 때 몰래 찾아온 손님들을 내 눈에 담고 싶었거든.

　사막은 수많은 오르막과 내리막의 연속이야. 소름이 끼칠 정도였어. 만리장성을 올라가는 것만큼 긴 오르막은 없지만 경사도는 사막이 만리장성보다 더 심한 것 같아. 오르막을 오르면서 욕이란 욕은 다 뱉어내고, 그러면서 "나 만리장성도 올라간 사람이야!" 라면서 마인드 컨트롤을 하며 달렸어. 다행인 건 오르막도 끝이 있고 그 뒤로는 평탄한 길이거나 내리막이 있다는 거지. 그것만 생각하면서 참고 올라가는 거야. 아! 한번은 끙끙 대면서 오르막을 오르고 있는데, 지나가던 몽골자동차가 빵빵거리면서 창문을 열고 박수를 쳐 주시면서 뭐라고 말을 거는 거야. 물론 알아듣지는 못 했지만 응원을 해 주는 말은 틀림없는 것 같아서 힘이 났어.

　그 자동차는 오르막 꼭대기 갓길에서 내가 올라오기만을 기다리고 있다가 엄지를 척 올리시고는 작은 병에 담긴 오렌지주스를 건네 주셨어. 비록 작은 선물일 수도 있지만 아직까지도 기억에 남았던 것은 그 오렌지주스가 내가 길 위에서 받았던 첫 번째 선물이기 때문일 거야.

　참, 내가 사막을 지나는 동안 가장 많이 들었던 노래는 김보경의 '혼자라고 생각말기'였어. 중국에서 블루투스 스피커를 잃어버리고 난 뒤에는 노래를 거의 듣지 않는 채로 자전거를 탔는데, 혼자서 사막을 달리다 보니 그 노래만 생각나고 그 노래만 듣고 싶더라고. 어쨌든 이제 이틀만 더 달리면 사막은 끝이 나. 그리고 몽골의 수도인 울란바토르로 들어가게 되는 거지. 위험한 상황들이 있었지만 내가 걱정했던 것만큼 최악은 아니었어. 햇볕이 뜨겁게 내리쬐어 엄청 더웠던 날도 있었지만 그럴 때는 적당한 양의 소나기가 내려서 열기를 식힐 수 있었고, 구름이 끼어 흐렸던 날도 많았지. 대체적으로 사막을 지나는 동안 날씨가 나를 많이 도왔던 것 같아.

칭기즈칸과 함께 울란바토르에서

광활한 고비사막을 지나 이제 울란바토르Ulaanbaatar에 도착했어. 도착해서 제일 먼저 찾아간 곳은 칭기즈칸 동상이었어. 중고등학교 때 역사시간에 배웠던 칭기즈칸, 기마술에 익숙한 유목민인 몽골 전사들을 이끌고 세계 역사상 가장 거대한 제국을 지배했던 인물이라는 정도가 내가 가지고 있는 지식의 전부였지. 울란바토르를 향해 페달을 밟으면서 칭기즈칸에 대해 검색해보다가 그가 남겼다는 명언을 보았는데, 멋진 문구들이 많더군. 그 중에서 가장 마음에 들었던 건 이거였어.

"나는 내 이름도 쓸 줄 몰랐으나, 남의 말에 귀를 기울이면서 현명해지는 법을 배웠다."

중학교 시절 『모모』라는 책을 읽으면서, 상대방의 이야기를 잘 들어주는 것에 대해서 배웠던 적이 있었어. 그런데 칭기즈칸은 상대방의 말을 잘 들어주는 경청을 넘어 현명해지는 법을 배웠다니, 그가 얼마나 다른 사람의 말에 마음을 기울여 들었던 사람인지 알 수 있을 것 같았지. 상대가 하는 말을 세심하게 듣고, 그의 말을 다시 한 번 더 숙고해봐야 비로소 무엇이 옳은지 현명한 판단을 내릴 수 있게 될 테니 말이야.

또 다른 문구도 좋았어.

"나는 나를 극복한 순간 칭기즈칸이 되었다."

이 문구에서 받은 느낌에 대해서 정확하게 설명하기는 어려운데, 어쨌든 힘이 느껴지는 말이라고 생각했어.

'나를 극복한 순간…'

칭기즈칸의 명언들을 하나하나 읽어보고 생각해보면서 과연 대제국을 지배할 만한 그릇과 능력을 가지고 있었던 인물임을 느꼈던 거야.

내가 울란바토르에 도착하고 나서 가장 먼저 칭기즈칸 광장에 있는 칭
기즈칸 동상을 찾아갔던 건 바로 이런 이유가 있었던 거지.

세상을 떠난 지 이미 몇 백 년이 지났지만 나는 그를 마음에 담고, 그
를 닮고 싶었어. 그리고 나는 그가 말을 몰고 전사들과 함께 정복전쟁
을 벌이던 유럽을 향해 자전거를 타고 페달을 밟고 있는 중이었지.

나는 지금까지 한국에서 살면서 한 번도 청와대 문 앞에 가본 적이
없었어. 그런데 정작 울란바토르 몽골대통령 관저에는 가봤다는 것.
정말 우연과 실수의 결과로 일어난 희한한 일이 아닐 수 없었지.

울란바토르에서 머무는 동안 칭기즈칸 동상을 찾아봤던 걸 빼면 그

다지 할 일이라곤 없었어. 두 번째 날 시내구경을 하고 호스텔로 돌아왔을 때 리투아니아에서 온 친구를 하나 만났는데, 이야기를 나누던 중 다음날 울란바토르 맞은편에 있는 산에 간다고 하더군. 그래서 별달리 할 것도 없고 해서 함께 가도 좋을지 물었더니 흔쾌히 오케이를 했어. 리투아니아에서 다니던 회사를 그만두고 여행을 떠나온 그 친구는 'Workaway'라는 사이트를 통해서 영어를 무료로 가르쳐 주고 숙식을 제공받으면서 세계 곳곳을 여행하고 있는 중이라고 했지.

다음날 아침, 그 친구와 함께 산으로 향했는데, 산 입구까지는 쉽게 갈 수 있는 게 아니더군. 미니버스를 타고 어느 시골마을로 들어간 후 다시 택시를 타고서야 산 입구까지 갈 수 있었던 거야. 국립공원이라서 그런지 입장료까지 받았어. 고작 산을 한번 타볼까? 하고 가볍게 생각했던 것이 상당한 지출로 돌아오자 기분이 좀 찜찜했지. 배보다 배꼽이 더 큰 꼴이라고 할까. 장기 여행자인 내 작은 주머니에 꽤 큰 출혈을 낸 거지.

어쨌든 정상까지 오르는 일을 어렵지 않았어. 풍경은 우리나라에서 등산을 하고 볼 수 있는 평범한 산들과 마찬가지였지만 정상에는 이탈리아에서 온 노부부가 일광욕을 즐기고 계시더군. 캠핑카를 가지고 밀라노에서 출발해서 몽골까지 오신 분들이었어. 그분들은 캠핑카에 늘 좋은 식재료와 부인께서 직접 만드신 토마토소스를 준비해 가지고 다닌다면서 우리를 저녁식사에 초대해 주셨지. 이탈리아 전통 라자냐를 먹을 수 있는 좋은 기회야. 거절할 수는 없는 일이지. 정말 나는 그 초대를 받아들이고 싶었어. 하지만 제길! 함께 왔던 친구가 그냥 울란바토르로 돌아가고 싶다는 거야. 어쩌겠어. 아쉬웠지만 그 친구의 계획에 끼어든 건 나니까, 그 친구의 결정을 따를 수밖에.

앞에서 잠깐 언급했던 것처럼 나는 적은 돈으로 긴 여행을 마쳐야 하는 가난한 여행자일 뿐이야. 그러니 가능하면 돈을 아껴야 했지. 산 정상에서는 울란바트로 시내가 바로 우리 눈앞으로 내려다보였어. 길이 없기는 하지만 우리가 올라온 등산로를 따라 내려가는 것에 비해 눈으로 보이는 울란바토르를 향해서 내려가는 게 비용을 아낄 수도 있고 좋을 것 같았지. 물론 거기엔 약간의 모험심이 필요하고 파트너의 동의도 필요하지. 우리는 둘 다 같은 생각을 하고 있었어. 모험이 시작된 거지. 우리 수중에는 각자의 핸드폰, 작은 물병 하나, 정수 필터뿐이었어.

처음 하산을 할 때는 길의 흔적이 있어서 별다른 문제없이 내려갈 수 있었지. 구간에 따라 산책로처럼 길이 정리되어 있었고, 나무에 표시도 되어 있어서 그것만 따라 내려가면 됐어. 그런데 어느 구간으로 접어들자 갑자기 표시도 사람이 다닌 흔적도 사라지고 없는 거야. 그럴 때마다 핸드폰 지도를 보고 울란바토르가 있는 방향을 찾아 내려갔고, 그러다 보면 다시 바위나 나무에 표시가 나타나더군.

우리는 3시쯤에 하산을 시작했으니 6시나 7시면 울란바토르에 도착할 수 있을 것으로 생각했어. 하지만 웬걸, 우리가 산 속에서 길을 잃었다는 걸 깨닫게 되는 데는 오랜 시간이 필요치 않았어. 마실 물도 이미 다 떨어진 상태였지. 친구는 시냇물을 떠서 정수필터를 넣어 마셨지만 나는 혹시라도 배탈이 날까봐 갈증이 나도 참았어.

8시쯤 되었을까? 핸드폰 지도상으로는 산을 거의 내려온 것으로 보였는데, 웬걸 울란바트로 시내는커녕 산 능선만 계속해서 나타나는 거야. 그러다가 우리는 지도에 주차장 표시와 함께 몇 개의 건물이 우리와 가까운 곳에 존재하고 있다는 걸 확인할 수 있었어. 우리는 그 건물을 향해 걸었지. 등산로는 없었지만 해가 지기 전에 산에서 벗어나고 싶은 마음에 그곳으로 헤치고 나간 거야.

우여곡절 끝에 하산에 성공한 시간은 저녁 9시 45분경. 시냇물에 몸을 간단히 씻고 건물로 향했어. 건물 주차장에서 방금 쇼핑을 마치고 돌아온 가족들을 만났는데, 남편으로 보이는 남자는 우리가 어떻게 이곳에 들어와 있는지 신기한 눈으로 바라보더군. 우리는 일단 사람을 만났으니 뭔가 해결책이 생길 수 있겠다 싶어 먼저 다가가 말을 걸었지. 택시를 좀 불러줄 수 있으시냐고.

남자는 이곳은 택시가 들어올 수 없는 곳이라고 했어. 차가 지나다닐 수 있는 길이 있고 주차장이 있는데, 왜 택시가 들어오지 못한다는 걸까? 그럼 택시를 탈 수 있는 곳까지만 데려다 줄 수 없는지 부탁을 했지만 그것도 좀 어렵고, 도움을 줄 만한 다른 사람들을 불러주겠다면서 음료수 한 병씩을 건네더군.

몇 분 후에 우리를 도와줄 분들이 오셨는데, 심상치 않게 생긴 군인 셋과 군인들을 통솔하는 지휘관 한 분이었어. 우리는 그 군인들에게 잡혀서 차를 타고 검문소로 갔는데, 지휘관은 가는 도중에 이곳은 바로 몽골대통령의 관저라고 했어. 몽골대통령 관저를 무단침입한 거지. 하필 하산을 해도 어떻게 이런 곳으로 내려오게 된 건지 싶더라.

우리는 검문소에서 소지품 검사부터 시작해서 어떻게 산을 넘어서 이곳까지 왔는지에 대해 각자 서술하고, 러시아어와 한국어를 할 줄 아는 심문관들로부터 취조를 받았어. 아무런 죄가 없으니 주눅들 일도 없었어. 당당한 태도로 취조를 받았지. 그러면서도 한편으로는 취조가 끝나면 우리를 호스텔까지 데려다 주지 않을까? 하는 요행수도 생각했고.

모든 절차가 끝나자 시간은 벌써 새벽 1시 반이 넘어갔고 다행히도 우리를 취조했던 분들이 호스텔까지 데려다 주더군. 엄청 피곤하기는 했지만 그래도 교통비를 아껴보자는 목적은 달성한 셈이고, 덤으로 잊지 못할 몽골대통령 관저 무단침입이라는 엄청난 추억까지 쌓았으니 그럭저럭 만족스럽게 잠자리에 들었던 하루야.

뜻 깊은 봉사활동, 어기노르

울란바토르에서 곧장 러시아 바이칼Baikal 호수로 갈 계획이었지만 60일짜리 몽골 비자를 받고 들어왔는데, 겨우 몇 주 만에 몽골을 나가는 게 좀 아깝고 아쉽게 느껴졌어. 그때 몽골 친구 다쉬카가 꼭 가보라고 추천해 준 홉스골 호수가 생각나더군. 나는 체체르릭을 거쳐 홉스

곧 호수로 갈 계획 세우고 핸들을 틀었어.

울란바토르를 벗어나서 한참을 달려 갈림길을 지난 뒤 10킬로미터 정도 오르막 내리막을 지난 뒤에 지도를 확인해보았어. 최단거리로 가려면 갈림길에서 다른 방향으로 접어들어서 갔어야 했다는 비보였지만 다행히도 10킬로미터만 돌아가면 된다는 생각에 기운을 잃지 않고 갈림길이 있는 곳까지 왔던 길을 되돌아갔지.

갈림길 근처에는 휴게소가 하나 있었어. 푯말은 없었지만 '이곳은 마지막 휴게소입니다.'라고 쓰여 있는 것만 같아서 먼저 든든하게 점심을 먹고 쉬어가자는 생각이 들었지. 별다른 고민 없이 가게로 들어가자 한쪽은 식당이고, 다른 한쪽은 작은 간이 슈퍼마켓이더군.

먼저 슈퍼마켓에 들어가 냉장고에서 시원한 맥주를 하나 들고 식당으로 넘어와 음식을 주문했어. 물론 음식이 나오기 전에 먼저 맥주를 한 잔 마셨지. 시원한 맥주가 목젖을 상쾌하게 적셨어. 길을 잘못 들어 낭비했던 에너지가 다시 채워지는 느낌이었지. 왠지 부족한 느낌이 들어 다시 맥주 하나를 더 사서 마침 서빙된 음식과 함께 마셨어. 쨍쨍하게 쏟아지는 햇볕을 받아 마치 고기를 굽는 철판처럼 달궈진 아스팔트에서 벗어나 시원한 그늘에 앉아 마시는 맥주와 맛있는 한 끼, 정말 꿀처럼 달콤한 휴식이었지.

식사를 마치고 잠시 휴식을 취하다가 자전거에 올랐는데, 페달을 밟기 시작한 지 한 10분쯤이나 지났을까? 날씨가 더워서 그런지 술기운이 올라오기 시작하는 거야. 몸이 나른하게 풀어지고 눈꺼풀이 내려앉더군. 내 몸의 모든 조직과 기관들이 그냥 땅바닥에 누우라고 요구하는 거야. 그늘을 찾아보았지만 그늘이라곤 구름이 떠 있는 곳에 드리워진 희미한 흔적뿐이었어. 안간힘으로 버티며 달렸지만 그마저도 곧

한계점이 다가왔고, "에라 모르겠다!" 하고 자전거를 길가에 버려두고 길바닥에 누웠어. 다음에 어떤 일이 벌어지든 아무런 상관이 없었지.

한 10분 정도 눈을 붙였을까? 타 죽을 것처럼 더워서 잠에서 깼는데, 그것도 눈을 붙였던 거라고 어느새 술기운이 날아가고 멀쩡해진 것 같더군.

아찔한 경험이었지. 길바닥에 대자로 뻗어버리다니. 그때 받았던 충격이 너무나도 커서 그 뒤로 자전거를 탈 때는 무조건 금주하기로 결심했어. 그나마 별일이 일어나지 않은 게 다행이었지.

다음날도 같은 도로를 달렸어. 길가에 피어 있는 라벤다 꽃들이 듬성듬성 보이더군. 그리고 조금 더 달리자 이제는 아예 라벤다 꽃밭이었고 양과 염소들이 식사를 하고 있는 풍경이 펼쳐졌어. 내 마음까지 평화로워 졌고 황홀했지. 그런데 눈앞에 펼쳐진 풍경이 너무나도 좋아서 양들과 함께 사진을 찍으려고 준비하는데, 양과 염소 떼들이 멀찍이 도망가더라고. 결국 사진을 찍지 못했지. 그래도 내 눈에 담아둘 수 있었던 건 위안거리야. 언젠가 다시 기회가 있어 이곳에 올 수 있다면 꿈만 같았던 풍경들을 다시 볼 수도 있지 않겠어?

자전거에 다시 오르기 전에 미리 지도를 보긴 했지만 내가 가고 있는 길이 체체르릭으로 가는 최단거리 노선인 건 맞았지만 자세히 보니 메인도로는 아니었어. 곧 아스팔트도로가 끝나게 된다는 의미였지. 하지만 하루 넘게 달려온 길을 되돌아가는 건 죽어도 싫어서 혹시 모를 기대를 품고 달렸어. 역시나 예상했던 대로 비포장도와 이어지더군. 내 자전거는 포장도로에 맞춰 제작된 거야. 비포장도로일지라도 어떤 구간은 땅이 평평하고 단단해서 괜찮았지만 어떤 구간에서는 아무리 페달을 밟아도 제대로 나가지가 않아. 몽골의 비포장도로는 모래흙으로 되어 있고, 길은 빨래판처럼 울퉁불퉁하기 때문이지. 그런 비포장도로를 1시간 달리는 게 포장도로를 3시간 넘게 달리는 것보다 더 힘들어.

되돌아 갈 수 없으니 무조건 앞으로 나가는 수밖엔 길이 없어. 그렇

게 악전고투하며 페달을 밟는 동안 내 눈앞에 생각지도 못한 게 나타나더군. 바로 한글로 된 간판이었어.

'어기노르의 숲 16킬로미터.'

와~ 그건 기적처럼 다가온 희망이었어. 오늘의 목적지는 무조건 그곳으로 정해진 거지. 한글 간판을 걸어놓았다는 건 그곳에 한국인이 있다는 말이 아닌가. 그곳에 도착해 씻고, 자고, 음식도 구할 수 있을 거란 기대감에 사라졌던 힘이 돌아왔어.

마을 전면에는 '어기노르의 숲'이라는 커다란 입간판이 세워져 있었어. 그 간판 뒤로는 한국에서 흔히 볼 수 있는 비닐하우스가 보였고, 그곳에서 일을 하고 있는 몽골 사람들이 보였지.

무작정 다가가서 말을 걸었어. 내가 어떻게 말을 걸었는지는 자세히

생각이 나진 않지만, 아마 나 자신을 가리키며 "꼬레아! 꼬레아!"라고 외쳤던 것 같아. 그 중 한 분이 내 말을 알아들었는지 한국인 자원봉사자가 생활하는 집으로 나를 안내해 주더군. 정말 이처럼 외진 오지에서 한국인을 만나게 되다니. 그분들조차 나를 보고 놀란 기색이었어. 자전거를 타고 한국인 여행자가 찾아올 것이라고는 꿈에도 생각지 못했던 탓이었을 거야.

긴 시간을 머물지는 못했지만 그곳에서 함께 음식을 만들어 먹고, 봉사활동에도 참여하면서 정말 뜻 깊은 시간을 보냈어. 여행을 시작하기 전에 '만약 여행하는 도중에 내 손이 필요한 곳이 있다면 그냥 지나치지 말자.' 라고 다짐 했었는데, 그곳이 그랬지. 큰 도움을 주지는 못했지만 그래도 손을 보탤 수 있다는 것 자체가 행복했어. 이처럼 오지에까지 찾아와서 봉사하는 사람들, 세상에는 정말 좋은 사람들이 많다는 생각도 들었지.

내가 다시 길을 떠나려고 하자 그들은 체체르릭까지는 120킬로미터나 되고 비포장도로도 50킬로미터나 가야 한다면서 걱정을 해 주었어.

하지만 몸과 마음에 에너지를 한껏 채운 나는 그리 걱정이 되지 않았지. 가다보면 길은 끝나고 나는 페달만 밟으면 되는 것이니까.

첫 번째 라이딩 파트너 제롬

어기노르의 숲을 떠나 홀로 비포장도로를 달렸어. 지도에는 포장도로와 이어지는 몇 개 노선의 길들이 있었지만 실제로 그 길을 찾는 건 쉽지 않았지. 몇 번이나 길을 잃고 헤매는 일을 반복하면서 겨우겨우 포장된 도로를 발견했을 때의 기쁨이란 무엇에 비길까. 오랜만에 만나게 될 평탄한 아스팔트길을 달리는 꿈을 꾸고 있을 때 포장도로 근처에 있던 몽골인들이 내게 손을 흔들었어. 이제 고난의 길은 다 지나온 셈이니 좀 쉬어갈 겸 해서 그들에게 다가갔지. 그들이 내게 말했어.

그들은 내게 "유어 프렌드 히어!" 라고 말했고 난 바로 "여기에 한국 사람이 계세요?" 라고 물어봤어.

그들은 말없이 차 위에 있는 자전거를 가리켰어.

그때 한 친구가 내게 인사를 건넸지. 제롬Jerome이었어. 내 첫 번째 라이딩 친구. 마치 소울 메이트를 만났구나 싶었지. 다시 소나기가 내리기 시작하자 제롬은 너무 지쳐서 힘들다면서 몽골인들의 차를 타고 먼저 체체르릭으로 떠났고, 나는 체체르릭에 들어가기 전에 캠핑을 하고 다음날 들어갈 계획이어서 우리는 체체르릭에서 만나기로 하고 헤어졌어.

하지만 소나기라고 생각했던 비가 그치지 않아 나는 캠핑을 할 엄두를 내지 못하고 제롬이 알려준 체체르릭 게스트하우스로 찾아갔지.

제롬은 게스트하우스에 없었어. 더욱이 예약이 모두 차서 남아 있는 침대도 없었지. 제롬에게 문자를 보냈지만 답도 오지 않아서 나는 하는 수없이 바로 옆에 있는 호텔로 들어갈 수밖에 없었는데, 호텔 로비에 자전거가 한 대 세워져 있는 거야. 역시 소울 메이트는 통하는구나 싶었어.

처음에 제롬과 함께 페달을 밟으며 길을 나설 때는 기대가 컸어. 이야기도 나누고 지루함도 덜 수 있으리라 생각한 거야. 하지만 현실은 달랐지. 일단 자전거에 올라타니 말이 없어지고, 급기야 나는 나대로 너는 너대로 앞서거니 뒤서거니 길을 가게 되는 거지. 파트너가 있는 것과 없는 것이 별 차이 없어.

하지만 함께 쉬고, 저녁에 함께 밥을 해 먹고, 함께 텐트를 치고 잘 사람이 있다는 건 정말 달라. 자전거 위에서는 각자도생으로 길을 가지만 자전거에서 내렸을 때는 밥을 먹고 이야기를 나눌 수 있는 존재, 그건 생각보다 큰 의미지.

제롬은 파리에서 출발한 친구였어. 발칸반도를 거쳐 터키 그리고 중앙아시아를 거쳐 일본까지 가는 게 목표라고 했지. 이제 여행의 시작 부분을 달리고 있는 나와는 정반대의 길을 가는 것이었고, 여행의 후반부를 달리고 있었어.

제롬을 만나기 전까지 나는 내가 가지고 있는 캠핑용품이 전부인 줄만 알았지. 하지만 제롬의 텐트 내부를 들여다보고는 깜짝 놀랐어. 에어 매트리스와 에어 베개. 이 두 가지 물건만으로도 내게는 완전 신세계였지. 제롬이 에어 베개를 베고 잘 때 난 돈키호테를 베개로 삼아 잤고, 폭신한 에어 매트에 몸을 눕힐 때 나는 중국에서 산 두툼한 침낭 속에서 춥지 않게 자는 것에 만족했었지. 제롬이 갖추고 있는 캠핑 장

비들을 보는 순간 마치 문화인을 본 중세인이 된 것만 같은 느낌을 받았던 거야.

그와 나 사이에 잊을 수 없는 생생한 기억들이 많아. 저녁을 먹으며 우리는 늘 아침 7시에 일어나자고 약속했고, 다음날 아침에 7시에는 얼굴만 빼꼼 내밀고, "30min more?", "Of course!"와 같은 대화와 함께 다시 텐트로 들어가곤 했지. 한 번도 약속했던 7시에 일어난 적이 없었어. 그리고 상쾌한 기분으로 출발을 했다가 맞바람이라도 불어오기 시작하면 제롬은 농담을 던지곤 했어.

"뒤로 돌아갈래?"

지금 생각해보면 별것도 아닌 농담이 그땐 왜 그렇게 재밌었는지.

우리는 쉬고 먹는 시간에 꺼내는 썰렁한 농담을 좋아한다는 점도 같았어. 작은, 사소한 하나하나가 잘 맞았던 첫 번째 라이딩 파트너, 그게 제롬이었지.

내가 앞에서 주행하고 있을 때였어. 저 멀리에서 말을 타고 다가온 몽골인이 내게 말과 자전거를 바꿔서 타보지 않겠느냐고 제안하는 거야. 한 번도 말이라는 걸 타본 적이 없지만 그래도 몽골까지 왔는데 말 한번 타보지 못하고 간다는 게 아쉬울 것 같아서 흔쾌히 그의 제안을 받아들였지.

하지만 내가 말을 타기 위해 안장에 매달린 등자에 막 발을 끼워 넣으려는 순간, 자기 등에 올라타려는 사람이 주인이 아니라는 걸 알아차렸는지 갑자기 흥분해 앞발을 치켜들더니 저 멀리 도망을 가는 거야. 나는 당연히 말에 올라탈 수 없었지. 어쩌면 말에 타지 못한 게 다행이라고 안도를 했어. 하지만 순식간에 말을 잃어 버린 주인은 나라 잃은 사람의 표정을 짓더군. 그리고는 페달 한번 밟아보지도 못하고 말을 찾으러 터벅터벅 걸어갔지. 괜히 미안했어. 그 뒤로 나는 몽골 말을 탈 생각을 완전히 접었지.

제롬은 여행을 시작했을 때, 저녁마다 파스타를 삶거나 다른 요리를 만들어 먹었다고 했어. 그의 말을 들은 나는 고개가 갸우뚱하게 접었지.

"어떻게 귀찮게 매일 그렇게 할 수 있는 거야?"

"별거 아냐. 밥을 먹으려면 당연히 음식을 만들어야 하잖아."

하지만 그런 제롬도 중국 라면을 처음 경험하던 순간 신세계를 경험했다고 고백했어. 빠르고 간편하고 설거지거리도 적게 나오니 그 뒤로는 저녁식사로 라면을 자주 먹었다고 했는데, 그래도 음식솜씨는 그대로였는지 홉스골에서 헤어지기 전날 만들었던 프랑스식 토마토 파스타는 정말 맛있었어. 보통 몽골 마트에서 구할 수 있는 재료와 캠핑용품들을 가지고 만들었던 제롬의 토마토 파스타는 정말 잊을 수 없는 맛이었어. 언뜻 단순해 보였지만 그런 단순함 속에 프랑스인의 미각이 숨겨져 있었다고 할까?

우리는 일주일 동안 함께 달렸고, 그중에서 5일은 비포장도로를 주행했어. 아마도 혼자였다면 절대로 비포장도로를 달리지는 않았을 거야. 몽골은 모래에 가까운 토질이어서 자전거를 타는 게 매우 힘들어. 그래도 함께 달리는 사람이 있어서, 그리고 힘들게 오르막을 오르고 난 뒤에 함께 쉴 수 있는 사람이 있어서 너무나 좋았지.

우리는 홉스골에서 헤어졌어. 이제 나는 영국을 향해, 그는 일본을 향해 페달을 밟겠지. 고고학을 공부했던 제롬은 이번 여행을 끝낸 뒤부터 간호사로 일하기 위해 직업 대학에 다니고 있다고 했어. 그와 헤어지면서 나는 그가 원하는 일들이 모두 다 잘 되었으면 하고 기원해주었어. 언젠가 프랑스 파리에 가게 되면 다시 한 번 더 자전거를 타고 제롬이 그렇게도 자랑했던 바게트를 먹으러 가고 싶다.

안녕, 몽골!

홉스골 호수는 러시아의 바이칼 호수와 이어져 있어. 그만큼 러시아와 근접한 곳까지 올라온 거지. 난 홉스골에서 러시아로 넘어가고 싶었지만 홉스골 호수의 게스트하우스 사장님은 홉스골에 국경 출입국 관리소가 있기는 하지만 몽골인과 러시아인만 출입이 가능한 곳이라고 했어. 청천벽력이었지. 나는 할 수 없이 울란바토르에서 홉스골 호수까지 왔던 길을 되돌아가서 외국인에게 문이 열려 있는 국경으로 가야 했어. 너무나 화가 났지. 날씨가 추워지면 그만큼 시베리아를 통과하는 게 힘들 수밖에 없으니까. 마음이 다급해져서 하루에 150킬로미터, 160킬로미터씩을 달려서 겨우 몽골의 마지막 도시에 도착할 수 있었던 건 그로부터 3일 뒤였어.

몽골의 마지막 도시로 가는 도중에 재밌는 일도 있었어. 서울에서 돌아다니던 마을버스를 만난 거지. 처음엔 그저 중고자동차를 많이 수입하는 나라니까 하고 그러려니 생각했어. 그래도 '재밌다.'는 생각이 들어서 길 한쪽에 서 있는 버스를 찍으려고 하는데, 익숙한 말이 들려왔어.

"한국 분이시죠?"

그랬어. 당연히 몽골인이 운전을 하고 있을 거라고 생각했는데, 그게 아니었던 거야. 한국인 세 분이 마을버스로 세계여행을 하고 있다고 했어. 버스는 정말 세계 어느 곳이라도 갈 수 있을 정도로 개조되어 있었지. 버스 뒷좌석은 세 사람이 편히 잘 수 있게 모기장과 매트리스가 설치되어 있었고, 앞좌석 쪽에는 짐칸과 우연히 만나게 될 히치하이커들을 위한 여분의 좌석까지 마련되어 있었어. 정말 낭만적인 감성이 물씬 풍기는 버스. 그러고 보면 이제 다양한 방법으로 여행을 즐기는 이들이 정말 많아진 것 같다는 생각이 들어.

　몽골을 여행한 지도 한 달이 되었어. 원래 일 주일 정도면 통과할 수 있었지만 3주를 더 몽골에서 페달을 밟았던 거야. 이것은 다시 말해서 시베리아를 통과해야 할 시기가 3주 정도 더 늦춰진 걸 의미하지. 그만큼 추위를 견뎌야 할 수도 있다는 말이지만 뭐 원래의 계획을 바꾼 것에 대해 후회하지는 않았어. 몽골 사람들과 섞여 더 많은 우정과 추억을 쌓을 수 있었고 함께 라이딩했던 영혼의 짝도 만났었지. 내 눈으로 담았던 아름다운 몽골의 대자연은 덤이었고 말이야.

　몽골을 여행하다 보면 정말 많은 초대를 받게 돼. 지나가는 길 근처에 게르가 있다면 무조건 나와서 집으로 초대를 하시지. 나와 꽤 멀리 떨어진 곳에서도 어떻게 나를 보았는지 달려와서 집으로 초대를 하고, 밀크 티와 몽골식 치즈, 스낵 등을 권해. 밀크 티는 신선한 우유에 물을 섞은 특이한 맛인데 은근히 중독성 있고, 치즈도 꽤 괜찮았어. 제롬은 맛있다며 아주 좋아했었고. 그렇게 차려준 간식을 먹고 나면 아직 저녁을 먹을 시간도 아닌데 몽골식 고기국수를 한 그릇씩 안겨 주지. 그래서 나는 가끔 소나기가 올 것 같으면 게르가 어디에 있는지부터 찾곤 했어.

하지만 초대를 받았을 때는 주의할 점이 몇 가지 있어. 몽골인들도 술을 좋아하는 사람들이 많은데, 함께 술을 마시고 자기 집에서 자고 가라고 하시는 분들도 종종 계신다는 거야. 하지만 초대한 분이 술을 너무 많이 마신다 싶으면 게르에서 자지 말고 따로 텐트를 치고 자는 것을 추천해. 그들이 술에 취하면 어떻게 변할지 모르기 때문이야. 그런 경우가 아니더라도 게르의 침대에서 잘 때는 개인 침낭을 쓰는 걸 추천해.

한 번은 그들의 이불을 덮고 잤다가 다음 날 온몸이 가려워 미칠 뻔 했던 적이 있으니까. 아! 그리고 혹시 모를 초대를 대비해 항상 롤케익과 같은 간식거리를 여분으로 가지고 다니는 게 좋아. 초대를 받은 주인집 아이들에게 선물하는 센스를 발휘할 수 있으니까.

한 달 동안 몽골의 대자연을 달리면서 늘 내 머릿속에서 떠나지 않았던 단어 하나는 '깨끗함'이었어. 투명할 정도로 맑은 하늘, 맑은 강물, 빛나는 별 무리… 그리고 몽골 사람들의 때 묻지 않은 순수한 마음씨.

이제 나는 몽골을 떠나 러시아로 들어갈 거야. 내 여행에서 가장 많은 시간을 보내야 하는 나라지.

잘 있어, 몽골!

몽골 자전거 여행 Tipps

_____ 비자 만들기

몽골도 중국과 마찬가지로 여행 비자가 필요한 국가다. 여행을 떠나기 전, 몽골대사관이 아닌 비자 관련 업무를 처리하는 곳에서 신청을 할 수 있다. 몽골은 중국에서보다 더 긴 거리를 달려야 해서 나는 만약의 경우를 대비해 90일짜리 비자를 신청해 떠났다.

_____ 호신용품

고비사막은 예측불허다. 그 넓은 사막에 아무것도 존재하지 않지만, 자전거를 타고 가다 보면 동물 시체들을 종종 볼 수 있다. 설마 나도 저 동물처럼 죽을 고비를 만나게 되지는 않겠지 라고 생각했지만 내게도 그런 위험이 실제로 찾아왔었다. 들개에게 습격이 그것이다. 나는 따로 호신용품을 구입하진 않았지만 호신용품을 마련하는 것도 생각해볼 문제 같다.

_____ 자연재해

고비사막을 지날 때 자주 볼 수 있는 건 죽은 동물 시체뿐만 아니라 큰 하수구도 있다. 이 하수구는 자전거 여행자에게 아주 중요한 대피소이다. 가끔 불어오는 모래폭풍과 국지성 소나기가 내리면 자전거를 탈 수 없는데, 그런 때는 하수구로 대피하도록 하자!

_____ 금주

강렬한 태양 아래 자전거를 타다보면 시원한 마실 것을 간절히 생각난다. 시원한 맥주의 유혹에서 벗어나기란 쉽지 않다. 괜찮겠지, 라고 생각했다가 길바닥 위에서 타 죽을 뻔 했다. 뜨거운 날씨와 그늘을 찾기 어려운 도로 위에서는 금주를 권한다. 하루 라이딩을 끝내고 저녁식사와 함께 곁들이는 게 가장 좋다.

_____ 아이들을 위한 선물

자전거 여행을 하다 보면 생각보다 많이 몽골인들로부터 초대를 받게 된다. 예상치 못한 초대를 받아 푸짐한 대접을 받고 나면 마음 한 구석이 미안한 마음이 들기 마련이다. 그래서 나는 비상식량으로 가지고 있던 롤케익을 아이들에게 선물한 적이 있다. 8명의 아이들은 롤케익 하나로 아주 행복해 했다. 또한 나를 초대해 주신 부모들 역시 행복해 하는 아이들을 보면서 흐뭇한 마음을 감추지 못했다. 우리에겐 별것 아닌 군것질거리지만 그들에겐 구하기 힘든 것이다. 혹시 모를 초대를 대비해 군것질거리를 충분히 준비하자!

아시아에서 유럽까지, 러시아

아직은 몽골 울란우데

중국에서 몽골로 넘어갈 때만 자동차를 타야 하는 줄 알았는데, 몽골에서 러시아로 넘어갈 때도 자동차를 타고 넘어가야 해. 난 당연히 모르고 있었지. 자전거를 타고 몽골 국경검문소에 도착하자 검문소 경찰들이 친절하게 나를 위해 트럭을 한 대 잡아 주었어. 나는 그 트럭에 자전거를 싣고 넘어갈 수 있었지.

러시아 검문소에서 차량 검사는 중국에서 몽골로 넘어올 때보다 더 엄격해. 승용차들은 기본적으로 보닛과 트렁크를 열고 모든 짐을 꺼내 검사를 받아야 하고 화물차량들은 정말 구석구석 검사해. 당연히 국경을 넘으려는 차량들은 오랫동안 줄을 서서 기다려야 했는데, 그에 반해 사람에 대한 통관절차는 그다지 꼼꼼하게 하지 않았어. 중국에서 몽골로 넘어갈 때는 따로 검문소에 들어가서 입국 절차를 받았는데, 몽골에서 러시아로 넘어갈 때는 타고 있는 차에서 내리지도 않고 여권만 건네주면 스탬프를 찍어 주지. 내가 타고 있는 차도 당연히 검사를 받았어. 트럭에는 내 자전거 말고 아무것도 없었지. 자전거는 그다지 꼼꼼하게 검사하지 않더군. 내게 마약이나 총기류를 가지고 있느냐는 질문만 하고는 검사를 끝냈어. 생각보다 어렵지 않게 러시아에 입국할 수 있었던 거지.

몽골에서 만났던 한 러시아인은 러시아에서는 영어를 할 줄 아는 사람들이 많아서 따로 러시아어를 배울 필요가 없다고 했어. 나는 곧이 곧대로 그의 말을 믿고 아주 편안한 마음으로 국경을 넘었지. 하지만 기대했던 것과는 달리 의사소통에 어려움을 겪었어. 학생들은 영어를 조금씩 할 줄 알지만, 내가 기대했던 것만큼 많은 사람들이 영어를 사용하진 않는다는 거야.

국경을 넘는 날에는 국경도시에서 하룻밤을 보내는 게 내 규칙 중 하나야. 그런 날은 오래 달릴 수가 없기 때문이지. 그날도 국경을 넘은 뒤 캠핑을 할 만한 곳을 찾기 위해 길에서 자전거 타고 가는 학생을 세워 물어 보니, 나를 종합운동장 같은 곳으로 안내를 해 주었어. 그리고 그곳 경비원에게 텐트를 쳐도 괜찮은지 허락까지 구했는데, 그 경비원은 건물 안에서 씻고, 소파에서 편히 잘 수 있도록 도와주셨지. 러시아에 대한 이미지가 확~ 업그레이드되는 순간이었지.

시간이 남아 운동장에서 러닝과 맨손운동을 하고 났을 때 배구코트에서 5명이 배구를 하는 모습이 보였어. 난 당연히 먼저 다가가서 함께 할 수 있는지 물어봤지. 물론 그들은 쿨 하게 오케이를 했고. 그 지역의 학생선수 정도는 되었던 걸까? 정말 실력이 좋았어. 그냥 취미삼아, 재미삼아 하는 사람들과 하는 것보다 잘하는 사람들과 경기를 하게 될 때 더 집중하게 되고 더 재미를 느끼게 되는 것 있잖아. 그런 기분이 들었어. 다시 한 번 내게 고맙게 생각하는 건 내가 스포츠를 좋아한다는 거야. 운동을 통해 사람과 쉽게 친해질 수 있거든.

러시아로 들어온 두 번째 날은 새로운 것들에 대한 놀라움으로 가득했던 날이었어. 러시아까지 페달을 밟아오는 동안 내가 만났던 자전거 여행자는 고작 한 사람뿐이었는데, 그날은 일본인 하나와 스위스 아저씨 세 사람을 만났던 날이지.

　일본인은 참 기이하다는 생각이 들었을 정도로 자전거에 짐을 싣고 다녔는데, 한 10년이나 20년 전에 자전거용품이 많이 발명되기 전의 방식으로 여행을 한다고 상상하면 맞을 거야. 그만큼 클래식 하게 짐을 싣고 있었지. 다른 말로 하면 조금 초라하게 보인다고 할 수도 있고 말이야. 보면 볼수록 어떻게 자전거에 짐들을 그렇게나 싣고 여행을 할 수 있는지 궁금증이 가시지 않았지.

　어쨌든 그분은 정말 친절하셨어. 내가 묻지도 않았는데도 러시아에 대한 온갖 정보들을 알려 주셨지. 예를 들면 어느 구간은 길 상태가 좋지 않고, 호텔에 들어가면 꼭 입국 등록을 하라든지, 가게는 어디 어디에 있고, 물이 급하면 레스토랑에 들어가 구할 수 있다는 등등의 정보였어. 그중에서 가장 반가웠던 정보는 어제 중국인 두 명이 나와 같은 방향으로 자전거를 타고 가는 걸 보았다는 거였어. 다시 한 번 함께 자전거 여행을 할 동반자가 생길 수도 있다는 기대감이 들었지.

　스위스에서 오신 평균나이 65세를 넘긴 아저씨 세 분은 일본 분과는 비교도 되지 않을 만큼 좋은 자전거에 자전거용품 그리고 최첨단 GPS까지 구비해 무장하고 있었어. 일본 여행자가 10년 전 과거로부터 와서 자전거 여행을 하시는 분이었다면 이분들은 현재 혹은 5년쯤 미래에서 오신 분들 같았지. 그분들은 스위스에서부터 여기까지 지나왔던 지도를 내게 보여주셨는데, 너무 멋졌어. 나이가 중요한 게 아니라 하고 싶은 일을 실행으로 옮기는 열정과 실천력! 이건 존경할만한 것 같

아! 그분들에게도 중국인 자전거 여행자에 대해 물었더니 30킬로미터
쯤 전에 두 사람을 보았다고 했지. 오~ 따라잡아서 함께 달릴 수 있을
거라고 생각하니 너무 기뻤어!

　중국 여행자들을 만나기 위해서는 하루가 더 필요했어. 그리고 그
들과 울란우데Ulan-Ude까지 함께 라이딩을 했지. 울란우데로 들어가
는 길에서는 여행을 시작한 지 처음으로 뒷바퀴에 펑크가 났어. 도
로에 흩어져 있던 깨진 보드카 병조각들 때문이었지. 튜브만 터진 게
아니라 유리 조각이 타이어 옆까지 뚫어놓아서 타이어도 바꿔 끼워
야 했어. 예비 타이어를 챙겨오긴 했지만 사용하는 일이 생기지 않기
를 바랐는데…. 예비 타이어는 두께가 얇아서 쉽게 펑크가 날 것 같
았거든. 그래도 어쩔 수 있나. 길가에 자전거를 세워 두고 수리를 할
수밖에.

튜브랑 타이어를 갈아 끼우는 건 첫 경험이었어. 나를 기다리고 있는 중국 친구들을 보자 더 조급해지고 초조했지. 제대로 끼워졌는지 확인도 하지 않고 마구잡이로 밀어서 집어넣고 다시 달렸는데, 이게 제대로 자리를 잡지 못했던 건지 튜브가 안에서 씹혔던 건지 다시 펑크가 난 거야. 울란우데 숙소까지는 3킬로미터 정도가 남아서 숙소에서 고치기로 생각하고, 바람이 빠지면 넣고 또 빠지면 채워 넣고 하면서 겨우 숙소에 도착했지. 물론 숙소에서는 마지막 남은 예비 튜브를 신중하게 갈아 끼웠는데, 무슨 일이든 조바심을 치고 성급하게 굴면 망하는 것 같아. 급할수록 돌아가라는 말이 괜히 있는 건 아니라는 거지.

원래는 울란우데에서 하루만 머물고 곧바로 바이칼 호수로 달릴 예정이었어. 예비 튜브도 없고 예비 타이어로 주행하는 게 너무 걱정스러워서 자전거를 정비하고 출발하기로 마음먹고 하루를 더 머물게 됐지. 자전거 가게를 두세 곳 찾아갔음에도 내 자전거에 맞는 타이어와 튜브는 구할 수가 없었어. 엎친 데 덮친 격으로 자전거 가게로 가는 길에 뒤쪽 기어변속기의 와이어까지 끊어진 거야. 그런데도 내 자전거에 맞는 와이어도 없어서 임시방편으로 수리할 수밖에 없었지. 큰 도시인 이르쿠츠크Irkutsk에 빨리 도착하는 수밖에 다른 방편이 없었어.

타이어를 제대로 수리하지 못하고 거기에 기어변속기까지 고장이 난 자전거를 타고 이르쿠츠크까지 갈 수 있을지 의문이었어. 울란우데에서 이르쿠츠크까지는 500킬로미터가 넘는 길인데 가는 도중에 만약 펑크가 한 번 더 난다면 난 완전히 끝나는 거거든. 오후에 혼자서 산책을 하면서 고민했어. 기차를 타고 가야 할지 아니면 내 운에 운명을 맡기고 자전거를 타고 갈 것인지 말이야. 할 수 있는 데까지 해보자고 결정했어. 할 수 있는 데까지 최선을 다하다가 상황이 따라주지 않으면 그때 기차를 타면 된다고 말이야.

나의 버킷리스트 바이칼Baikal 호수

이르쿠츠크까지 가는 동안 그리고 이르쿠츠크에서 머무르는 동안에는 재미있는 일들이 많았어. 앞바퀴에 예비 타이어를 끼우고, 예비 튜브도 없이 중국 여행자들과 함께 울란우데를 벗어나 바이칼 호수를 향했는데, 내가 조금 빨리 달리다보니 그들과는 자연스럽게 헤어지게 됐지. 이틀 정도를 쉬었던 덕분인지, 처음으로 오디오북을 들으면서 달려서 그랬던 건지 힘들다는 느낌이 조금도 들지 않았어. 정말 바람처럼 달렸지. 일단 바이칼 호수 근처까지 간 뒤에 다음 날 호수를 조망하면서 달릴 계획이었는데, 어찌 달리다보니 바이칼 호수가 너무 보고 싶어졌고 결국 무리해서 150킬로미터를 달린 거야.

바이칼 호수와 만난 건 7시쯤이었어. 그런데 문제는 마땅히 캠핑을 할 만한 곳이 없었다는 거야. 그때 작은 마을이 눈에 들어왔어. 마을 어귀에서 만난 여성 두 분에게 캠핑을 할 만한 곳을 물었더니 나이가 좀더 드신 분께서 나를 집으로 초대해 주시는 거야. 예상치 못한 초대를 받아 그분 집으로 갔는데, 미국 대학에서 유학중인 분이 계셔서 의사소통을 하는 데도 별 문제가 없었지. 그 집은 이층짜리 목조주택이었고, 나는 안락한 다락방으로 안내되었어. 하룻밤을 호강할 수 있었던 거지. 다락방에는 앞뒤로 창문이 나 있었는데, 뒤쪽 창문을 통해 시베리아 횡단열차가 달리는 철길이 보였고, 그 철로 뒤편으로는 바이칼호수가 드넓게 펼쳐져 있었어. 정말 끝내주는 풍경이었지.

주인의 호의로 시원하게 샤워를 하고 나오니 생선 튀김과 생선 수프로 저녁까지 차려 주시더라고. 한국을 떠난 뒤로는 생선을 먹어볼 기회가 없어서 엄청 그리웠는데 얼마나 반가웠던지. 그저 바이칼호수 근처에서 캠핑을 할 수 있는 곳을 알고 싶었을 뿐인데, 포근한 잠자리를 얻은 데다 오랜만에 맛있는 저녁까지 대접받은 호강을 누리게 된 거야. 이럴 때 여행자는 그저 고맙게도 잘 먹어주는 것이 은혜를 갚는 거지. 이런 건 여행이 아니라면 잘 경험할 수 없는 것인데, 중국과 몽골 그리고 러시아에 오기까지 나는 수많은 사람들로부터 친절한 대접을 받곤 했어. 손님에 대한 대접을 극진하게 하는 게 하나의 문화라도 되는 것처럼 말이지. 이런 대접을 받을 때마다 드는 생각이 있어. 사람에 대한 따뜻한 신뢰 같은 거 말이지.

저녁을 먹고 난 뒤에는 호수로 가서 발을 담가보고 왔어! 정말 오고 싶었던 곳이었는데, 기대했던 것보다는 조금 실망스러웠던 점도 있었지. 투명할 만큼 맑을 것이라고 생각했었는데, 이끼들이 많아서 그다지 깨끗하지는 않았던 거야. 어쨌든 그토록 와보고 싶었던 바이칼에 와서 발까지 담가봤으니 소원은 성취한 셈이었지.

집으로 돌아오니 이번에 와인에 치즈를 비롯한 주전부리들을 준비해 주시더군. 우리는 식탁에 둘러 앉아 이런 저런 이야기를 나눴어. 주인 분은 한국을 여행했던 적이 있는데, 너무나 좋은 기억을 가지고 있다고 하셨어. 사람들도 친절하고 신기한 것도 많고, 특히 캔에 들어 있는 커피는 엄청난 발명품이라면서 러시아에는 아직 그런 제품이 없다며 부러워 하셨지.

다음날 부인은 아침을 차려 주시고는 점심에 먹으라며 샌드위치와

과일까지 챙겨 주셨어. 그리고 모스코바에 가면 꼭 자기 아들집에서 자고 가라면서 연락처까지 알려주셨지. 생각지도 못했던 초대를 받아 즐거운 추억을 만들 수 있었던 기쁨에 점심을 해결할 수 있는 샌드위치까지 챙기고 보니 행복했어. 페달을 밟으면서 조금도 힘든 줄을 몰랐지.

하지만 그런 행복도 그리 오래 가지는 않았어. 오르막과 내리막이 자주 나타나고 경사는 또 얼마나 가파른지. 숨이 턱까지 차서 힘들게 오르막 내리막을 반복하며 길을 가던 중이었어. 처음으로 두 바퀴로 여행하는 한국 사람을 만나게 된 거야. 내가 한창 오르막을 오르고 있는 중이었지. 헉헉 거리면서 언덕길을 오르고 있는데 오토바이 한 대가 내 옆으로 다가왔어. 딱 봐도 한국인이었지. 그가 내게 말을 걸었어.

"한국에서 오셨죠?"

나는 숨을 몰아쉬며 겨우 대답했어.

"네! 그런데 저기 언덕 꼭대기에서 얘기하면 안 될까요?"

자전거를 타봤던 사람들은 알 수 있을 거야. 오르막길에서는 중간에 절대로 멈추고 싶지 않은 것 말이야. 힘들어 죽을 것 같으면서도 뭔가에 홀리기라도 한 것처럼 계속 타고 올라가게 되는 마약 같은 홀림 말이야. 누구와 경쟁을 하는 것도 아닌데 중간에 쉬게 되면 지는 것 같다는 느낌. 중간에 멈췄다 다시 타거나 정 힘들면 자전거를 끌고 올라갈 수도 있는데 그렇게 하기는 싫은 기분 말이지.

언덕 꼭대기에서 기다리고 있던 오토바이 여행자를 다시 만났어. 사진작가 '김한'이라고 자신을 소개했지. 잠깐 쉬어가려고 했던 것이 서로 간식들을 꺼내 나눠먹고 오랜만에 그리운 한국말로 이야기를 나누다보니 한 시간이 훌쩍 지나더군.

형은 오늘 이르쿠츠크까지 갈 계획이라고 했어. 이르쿠츠크까지는 적어도 300킬로미터는 더 되는데, 오늘 내로 도착할 수 있다니 나로서는 꿈과도 같은 일이지. 서로 가야 할 길이 다르고 오늘 가야 할 거리가 있으니 그만 헤어져야 했어. 이르쿠츠크에 도착하면 다시 보기로 하고 말이야.

그런데 그렇게 형과 헤어지고 얼마 지나지 않아 일어나서는 안 되는 상황이 벌어졌어. 구름 색깔이 바뀌더니 이슬비가 한두 방울씩 떨어지기 시작했고, 곧이어 비가 내리기 시작한 거야. 몽골에서도 그런 비는 수도 없이 맞았던 터여서 그냥 무시하고 달렸었지. 그런데 계속해서 페달을 밟다가 자전거 뒤쪽이 가라앉은 느낌이 들어 확인해보니 우려했던 일이 벌어져 있었어. 뒷바퀴 바람이 빠진 거야. 울란우데로 들어갈 때처럼 말이지. 바람을 넣고 빠지면 다시 넣고 하면서 가장 가까운 기차역을 향해 페달을 밟았어. 몇 킬로미터 정도는 그렇게 갔던 것 같아. 하지만 그런 식으로 계속 가다가는 휠까지 고장이 날 것 같았어. 하는 수 없이 자전거에서 내려 끌고 갈 수밖에. 비를 맞으면서 자전거를 끌고 기차역까지 걸었던 길은 10여 킬로미터. 암담했지. 조금 서운한 느낌이 들기도 했던 건 만약 내가 운전 중에 도로에서 비를 맞으며 자전거를 끌고 가는 청년을 만나게 된다면 한번쯤은 무슨 일인지, 도와줄 건 없는지 물어보기라도 했을 것 같았다는 거야. 그런데 수많은 차들이 내 곁을 스쳐 지나면서 물만 튀겼다는 거지.

페달을 밟을 때는 비를 맞아도 춥지 않았는데 빗속에서 걷다보니 진짜 추웠어. 반바지에 반팔 티를 입고 있어서 체온을 유지하기가 어려웠지. 그렇게 덜덜 떨면서 겨우 기차역에 도착할 수 있었어. 어쨌든 옷부터 갈아입어야 했지. 그렇게 젖은 옷을 입고 있다가 감기라도 걸린다면 여행 일정이 어떻게 흘러갈지 알 수 없는 처지가 되거든.

내가 자전거를 가지고 탈 수 있는 건 기차라기보다 마을과 마을을

이어주는 전철이었어. 그 전철에 타기 위해서는 다음 날 아침까지 기다려야 해서 아침에 받아두었던 과일로 저녁을 해결하고 기차역 안에 텐트를 바닥에 깐 뒤 비에 젖어 축축해진 침낭을 덮고 밤을 지내야 했지.

다음날 아침 일찍 일어나 전철을 탄 뒤에 중간 지역인 실리랑카 Slyudyanka에서 환승을 하기 위해 다시 8시간 동안을 기차역에서 기다리다가 관광을 오신 한국 어르신들을 만났어. 이국에서 동포 어르신들을 만나니 마치 부모님들을 뵙기라도 한 것처럼 반갑고 감격스럽더군.

그분들은 내 여행 이야기를 들으시고는 칭찬과 격려와 함께 간식거리를 나눠 주셨어. 오랜만에 따뜻한 시간이었지. 시간은 지루하게 흘렀어. 그래도 어르신들이 주신 간식을 먹고 돈키호테를 읽으며 그럭저럭 보낼 수 있었는데, 그 두꺼운 돈키호테를 벌써 다 읽게 되다니….

이르쿠츠크에서는 따로 게스트하우스를 잡지 않고 몽골에서 만났던 러시아인 폴리나Polina의 가족이 제공해 주신 원룸에서 일주일 동안 머물렀어. 그 시간은 나 자신에게 선물한 여름휴가이자, 정비시간이었지. 자전거를 완벽하게 수리하고, 캠핑에 필요한 용품들도 장만했어. 비를 대비한 레인재킷, 돈키호테 대신 사용할 에어 베개, 편안한 잠자리를 보장하는 에어 매트리스, 부피는 중국산보다 훨씬 작지만 보온효과가 더 좋은 침낭 그리고 그런 물건들을 담을 수 있는 가방까지! 이 정도면 호화로운 자전거 여행자가 아닌가.

바이칼 호수에 가서 캠핑도 했어. 호수에서 수영도 하고 밤에는 텐트에서 영화도 보면서 제대로 휴가를 즐기고 싶었지. 하지만 날씨가 받쳐주지 않아 수영은 엄두도 못 냈고 아름다운 바이칼 호수의 풍경은 제대로 보지도 못 했어. 대신 정말 흥미로운 분을 만났지. 모스크바에서 휴가를 오신 분이었어. 10년째 요가를 하고 계시고, 채식에 익히지 않은 음식만 드시는, 그러니까 생식만 하시는 분이었어. 무엇을 먹으며 살아가는지 호기심을 불러일으키는 참 흥미로운 분이셨지.

그분은 젊은 시절에는 술과 파티를 너무나 좋아했대. 하지만 누구에게나 인생에서 터닝 포인트가 찾아오잖아. 그분을 바꿔놓은 건 처음으로 인도를 여행하고부터라고 해. 삶을 바라보는 태도에 큰 변화가 생기게 되었다는 거야. 하여, 요가를 시작하게 되었고, 차근차근 술과 담배를 줄이고, 몸과 정신을 가볍게 하기 위해서 채식을 시작했고, 차를 마시기 시작하셨대. 그렇게 술과 담배, 육식을 차근차근 줄여나가다 보니 10년이 흘렀고, 지금은 그런 식습관과 생활방식이 몸에 배게 되었다는 거지.

세상엔 셀 수 없이 다양한, 많은 사람들이 존재하고 그들 각자의 특별한 이야기들이 종횡으로 엮이며 흘러가고 있어. 여행을 하면서 그동안 인지하지 못했던 삶의 모습들, 다양한 사람들을 만나 그들의 이야기를 듣다 보면 미지의 세계를 발견하는 듯한 기분이 들었고 흥미로웠어. 그리고 이번 여행을 통해 나만의 이야기를 만들고 싶다는 생각이 깊어졌지.

크라스노야르스크까지 1000킬로미터

이르쿠츠크를 출발하면 그 뒤로는 작은 마을들만 나타날 뿐 말 그대로 시베리아의 벌판이야. 큰 도시는 1,000킬로미터 정도를 달려야 만날 수 있는 크라스노야르스크Krasnoyarsk가 있지. 판문점에서 부산을 왕

복하는 거리, 대한민국에서 살아가고 있는 나는 이르쿠츠크를 떠나면서 그게 얼마나 먼 거리인지를 체감하기 힘들었어.

이르쿠츠크에서 크라스노야르스크까지는 8일이 걸렸어. 그만큼 많은 일들이 있었지.

이르쿠츠크를 출발하고 첫날, 리스토브얀카Listvyanka란 마을에서 하룻밤을 보냈는데, 놀이공원 같은 곳에 텐트를 쳤지. 물론 관리자에게 허락을 받았고. 간단하게 씻고 밥을 해 먹고 쉬고 있을 때, 관리자가 여성 셋을 데리고 오셨어. 가족처럼 보였지. 엄마와 두 딸 말이야.

하지만 알고 보니 엄마라고 생각한 분과 큰 딸이라고 생각한 분은 친구 사이였고, 나머지 하나는 큰 딸이라고 생각했던 분의 동생이었어. 외국인 여행자들이 매우 드문 곳이어서 동양인 여행자가 왔다는 소식에 호기심을 누르지 못하고 구경을 오셨다고 했지. 그리곤 이렇게 물었어.

"손 한번만 잡아 봐도 되니?"

안 될 이유가 있나? 손을 잡고 함께 사진도 찍었지. 그녀들과 사진을 찍으면서 마치 내가 연예인이라도 된 듯한 느낌이었어.

셋째 날에 도착한 마을은 툴룬Tulun. 마을 입구로 들어서자 내 눈에 제일 먼저 들어온 건 운동장이었어. 오후 5시쯤 된 시간이어서 운동장에서 운동을 조금 한 뒤에 잠잘 곳을 찾을 계획이었지. 그렇게 혼자서 운동를 하고 있을 때였어. 사람들이 축구공을 가지고 하나 둘 들어오기 시작하는 거야. 축구공에 대한 페티시가 있는 나는 참을 수가 없었지. 결국 그들에게 가서 대뜸 함께 공을 차고 싶다고 물었더니 그들은 흔쾌히 오케이를 하더군.

오랜만에 축구를 하다 보니 정말 신이 났어. 덩치 큰 러시아인들과의 몸싸움에서 살아남기 위해 죽기 살기, 악바리근성으로 뛰면서 땀을 흘렸지. 경기를 끝내고 나서 우리는 모두들 강으로 몰려가서 샤워를 했어. 이게 이 동네의 루틴인 것 같았지. 그 친구들에게 바디 워시와 샴푸를 빌려 이르쿠츠크를 떠난 뒤로 처음으로 샤워를 하고나니 그야말로 날아갈 듯 상쾌한 기분이었어.

그 친구들과는 헤어진 뒤 다시 운동장 한쪽 구석에 텐트를 치고 잠을 잘 준비를 하고 있는데, 그 친구들이 보드카에 맥주, 먹을거리까지 챙겨서 다시 찾아왔어. 서로 허물없어지고 친구가 되는 데는 역시 축구만한 게 없는 것 같아.

소박한 파티가 끝났을 때, 그들은 내게 보드카를 선물로 주었어. 마음은 정말 고맙지만 너무 무거워!

칠 일째가 되었던 날, 점심 무렵에 칸스크Kansk란 도시에 입성했어. 마트에 들르거나 쉬기 위해서가 아니라 도심을 관통해서 가는 게 돌아서 가는 길보다 3킬로미터 정도 짧기 때문이었지.

나는 지도도 보지 않은 채 도심을 가로지르고 있었어. 평소처럼 자동차와 같이 신호대기를 하고 있는데 반대편에서 누군가가 손짓을 하며 내게 달려오는 거야. '아는 사람이라곤 있을 리 없는 이 도시에서 누구야?' 란 생각이 잠시 들었지만 오랫동안 혼자 라이딩을 하면서 많이 외로웠기에 우선 반가웠어.

알고 보니 우리는 4일 전쯤 어느 휴게소 만났던 사이였어. 그때 난 휴게소 앞에 걸터앉아 간단한 점심을 먹고 있었고, 그와 친구들은 점심을 먹기 위해 휴게소로 들어가던 중이었지. 그들은 여름휴가로 오토바이를 타고 바이칼까지 가는 중이라고 했었어. 그리고 이제 다시 일자리로 돌아왔고, 우연히 자기 가게 앞을 지나가던 나를 발견한 거였지.

그들은 나를 가게로 데리고 들어가 점심으로 챙겨온 음식들을 내놓았어. 마침 철물점을 운영하고 있어서 살짝 끊어져 있었던 내 자전거의 뒤쪽 짐받이 부분을 용접해 주고 몽골에서 바꿔 끼웠던 나사를 다른 나사로 교체해 단단히 조여 주었지.

그 넓고 넓은 시베리아에서 우연히 다시 만나 인연이 이어지는 걸 보면 신기하기도 하고 세상이 그저 넓기만 한 것은 아니라는 생각이 들었어.

크라스노야르스크Krasnoyarsk까지 1000킬로미터. 8일 동안 달렸던 거리야. 8일 중 절반 이상은 항상 비가 내렸어. 이르쿠츠크Irkutsk에서 레인재킷을 사지 않았더라면 고생을 심하게 했을 거야. 처음 레인재킷을 사서 입었을 때는 빗방울이 마치 연잎에 떨어진 물방울처럼 또르르 굴러내리 듯 방수가 잘 됐었는데 계속해서 비를 맞다 보니 점점 방수 기능을 잃더라고. 결국 크라스노야르스크에 입성하던 날에는 레인재킷도 젖었지.

크라스노야르스크에서는 일부러 방문했던 곳이 있어. 바로 '강남치킨' 식당이야. 꼭 치킨이 먹고 싶어서는 아니야. 여행을 하는 동안 『돈키호테』를 읽었다는 말을 했었잖아? 물론 베개로 사용하기도 했고. 소설에 등장하는 주인공 돈키호테에게 깊게 감정이입을 하다 보니 그 두꺼운 책을 너무 빨리 읽어버린 거야. 시대적, 사회적 상황은 다르지만 우리 둘 다 모험을 떠났다는 점에서는 똑같았지. 몰입해서 빠르게 읽어버린 건 아마도 그 때문이었을 거야. 가끔 어렸을 적에 나무 막대기를 과일나무를 적으로 삼아 휘두르던 기억이 생생하게 떠오르곤 했지. 마치 돈키호테가 풍차로 돌진했을 때처럼 말이야. 어쨌든 문제는 책을 너무 빨리 읽어버렸다는 거야. 하루 동안 라이딩을 하고 저녁에 휴식을 취할 때 마땅히 할 게 없었다는 거지. 인터넷도 잘 터지지 않는 곳에서 할 수 있는 거라곤 아무것도 없어. 크라스노야르스크에 도착해 한식당인 강남치킨을 제일 먼저 찾아갔던 건 그 때문이었어. 그곳에 가면 한국어로 된 책을 구할 수 있을 것 같았거든.

첫날 방문했을 땐 사장님이 계시지 않아 다음날 다시 방문을 했어.

사장님은 한인 2세셨는데, 한국말은 하지 못했어. 러시아어를 쓰고 영어를 조금 하셨지. 나는 사장님께 혹시 한국어로 된 책이 있으면 『돈키호테』와 교환을 해 줄 수 있는지 물었더니 인테리어로 놓아둔 책들을 가리키면서 가져가고 싶은 만큼 가져가라고 하시더군. 책들을 둘러보던 내 눈에 들어온 책은 파울로 코엘류가 쓴 『브라다』였어. 『연금술사』를 읽은 뒤로 코엘류의 책을 좋아했던 나는 한 치의 고민도 없이 그 책을 선택했지. 다시 읽을 책을 구했으니 저녁마다 무료함으로 몸부림치지는 않을 것 같아 다시 행복해졌어.

큰 기대 없이 카우치서핑couch surfing을 원한다는 짧은 메시지를 보냈어.

'한국에서부터 자전거를 타고 왔는데, 이틀 정도 너의 집에서 지낼 수 있니?'

거짓말처럼 호스트로부터 답장이 왔고 처음으로 카우치서핑에 성공한 거야!

첫 번째 내 호스트는 디마Dima. 결혼해서 아이가 있으며, 락 밴드에서 보컬로 활동하고, 취미로 자전거 타고 있으며, 채식주의자야.

디마의 집에 도착한 날에는 비를 많이 맞아서 몸살 기운이 있었어. 결국 많은 대화를 나누지도 못하고 약을 먹고 일찍 잠이 들었지. 푹 자고 일어났더니 한결 개운해졌고, 감기 기운이 조금 사라진 것 같았어.

아침을 먹으면서 디마는 오늘 저녁에 친구들과 자전거를 타러 갈 거라면서 함께 가자고 했어. 난 흔쾌히 '오케이!' 저녁에 나가서 길어봐야 한두 시간 정도 라이딩을 하고 들어오겠거니 생각했지.

우리는 저녁을 먹고 10시쯤 친구들을 만나기 위해 나갔어. 그 늦은 시간에 자전거를 타러 나가는 것부터가 뭔가 예사롭지 않았지. 그리고 11시에 친구들이 모이면서 광란의 밤이 시작되었어. 픽시를 타는 친구들이 모여 도시를 가로지르는 레이싱을 했는데, 차가운 시베리아의 밤

바람을 가르며 자동차와 자동차 사이를 달리는 거야. 그렇게 15킬로미터를 30분 만에 주행하고 한 친구 집으로 가서 2시간 정도 홈파티를 했고, 다시 자전거를 끌고 나와 크라스노야르스크 구석구석

을 돌아다녔지. 그렇게 친구들과 함께 미친 듯이 라이딩을 하고 집으로 돌아온 시간은 새벽 4시. 자전거를 타면서 이렇게 재밌게 놀아보았던 건 처음이었어. 고요한 밤에, 가로등 불빛 사이로 질주하는 느낌! 아드레날린이 폭발하는 것 같았지.

다음날은 디마의 할아버지, 고모할머니와 함께 크라스노야르스크의 관광지를 둘러보았고, 그 지역에서 가장 유명하다는 산을 등반하며 시간을 보냈어.

아! 디마는 채식주의자라고 했잖아. 그 친구 덕분에 베지 케밥에 입문하게 됐는데, 고기 대신 세 가지 다른 종류에 치즈를 넣은 케밥은 정말 맛있었어. 디마는 노보시비르스크에 가게 되면 자기 친구 집에서 쉬고 가라면서 음악을 하는 친구, 로만Roman을 소개해 주었지.

시베리아의 수도 노보시비르스크Novosibirsk

며칠 전 친구들 얼굴을 모두 볼 수 있어서 정말 기뻤어. 여자 친구들과 함께 재밌게 루프탑 파티를 하는 모습이 좋아 보였지. 거기 낄 수 없었다는 게 조금 아쉬웠지만 그래도 오랜만에 친구들 얼굴을 볼 수 있었다는 것에 만족할 수밖에. 그때 누군지 정확히 기억이 나지는 않지만, 내게 "매일 밖에서 텐트를 치고 자면 씻는 건 어떻게 하느냐?"고 질문했었잖아? 나는 이를 닦고 물티슈로 얼굴, 손, 발만 닦는다고 하니까 실망한 듯한 목소리가 들렸던 것 같았어! 사실인데 어떻게 해.

그 뒤로 씻는 방법을 새로 생각해냈어. 일단 작은 수건과 2리터짜리 물통을 산 다음 물통 뚜껑에 작은 구멍 하나를 뚫어. 마치 구멍 하나짜리 샤워기처럼 사용하는 거지. 샤워를 하기 전에 물티슈로 먼저 얼굴을 깨끗이 닦고, 2리터짜리 휴대용 샤워기로 머리도 감고, 몸도 씻은 다음 새로 구입한 작은 수건으로 물기를 닦는 거지. 그렇게 씻고 텐트에 누우면 정말 개운한 느낌이야. 그럼 깨끗하게 씻었다는 상쾌함 때

문인지 자고 일어났을 때 전보다 피로도가 확실히 줄어든 느낌이었어. 왜 전에는 이런 생각을 해내지 못했던 건지.

　나중에는 물 2리터를 사는 게 아까워서 절약하는 법을 알아냈는데, 캠핑을 하기 전에 마지막 마을에 들어가는 거야. 대부분의 마을엔 공용으로 사용하는 옛날식 물 펌프가 있는데, 거기서 그날 샤워할 물을 받아가는 거지. 여행을 하면서 나는 점점 더 진화하고 있어.

　광활하다는 말로도 표현되지 않는 시베리아의 대지를 홀로 달리다 보면 지루함은 어쩔 도리 없는 친구 같은 거야. 그럴 때는 속도계를 보면서 그런 지루함을 달래곤 했어. 내가 가지고 있는 속도계는 단위가 마일로 되어 있어서 주행거리는 999.99마일까지 표시가 돼. 999.99를 찍고 다시 0으로 세팅될 때의 그 짜릿함, 그건 마치 학교에 다닐 때 어려운 과제를 끝내고 제출할 때의 느낌과 비슷해. 그러면서 머릿속으로 앞으로 내가 가야할 거리를 대충 계산해. "지금까지 세 번 정도 세팅을 했으니 이제 7번 정도만 더 과제 제출하면 끝나겠구나. 후~ 정말 토나온다."라고 중얼거리면서.

그래도 심심할 때면 주행거리 숫자가 바뀌는 걸 보는 맛에 페달을 밟아. 10자리에서 100자리로 넘어갈 때의 짜릿함과 999.99에서 0으로 리셋될 때의 뭔지 모를 성취감. '지금은 별것 아니어도 나중에는 소중한 추억이 되겠지.' 하고 사진을 찍었는데, 나중에 사진을 정리하다 보니 없더군. 지워버린 것 같아. 지금 생각해보면 그런 소소한 재미로 자전거를 탔었는데, 왜 지웠는지는 모르겠더군. 언제 그렇게 999.99마일이라는 숫자가 찍힐 때까지 자전거를 탈 수 있을지 알 수 없는데 말이지.

디마가 소개시켜 준 로만은 디마보다도 더 엄격한 채식주의였어. 비건이라 불리지. 6년째 비건 생활을 하고 있고, 뮤지션이야. 인터넷으로 2개의 앨범을 발표했고, 부업으로 비건들을 위한 피자를 만들어. 로만은 나를 위해서도 비건 피자를 만들어 주었어. 유제품, 달걀 그리고 햄과 소시지와 같은 육류 가공식품이 하나도 들어가지 않은 피자지. 맛이 없을 것 같지만, 나름 괜찮았어. 육류 소시지가 들어가지 않는 대신 콩고기 소시지가 들어가고 홈 메이드 토마토소스를 사용해. 배가 너무 고파서 맛있었던 건지 아니면 정말 맛있었던 건지는 잘 모르겠지만 처음 먹어보는 색다른, 충격의 맛이었어.

로만은 한국음식에 대해서도 관심이 많았고 노보시비르스크Novosibirsk에 있는 한인 식당에도 자주 간다고 했어. 그래서 난 로만을 위해 100퍼센트 비건 한국음식을 만들어 주었지. 버섯밥과 양념간장을 만들어 대접한 거야.

로만이 자기 집에 며칠 머물 수 있도록 초대한 것은 나만이 아니었어. 남자 셋과 여자 둘로 구성된 여행자들도 있었지. 그들은 아주 오래된 라다Lada 승용차로 러시아 구석구석을 돌아다니며 여행하는 친구들이었어. 정말 재미있는 친구들이었지. 자유롭게 여행을 하며, 새로운 모험을 하는 것처럼 보였거든. 사막, 산, 숲, 오지나 도시를 가리지 않고 자유롭게 떠돌아다니는 여행. 흥미로웠던 건 그들이 가지고 다니던 배구네트와 배구공, 고장 난 트럼펫(아마 자동차가 너무 낡아 경적이 고장 나면 그걸로 대신 울리려고 가지고 다니는 것 같았다.) 그리고 리코더 같은 물건들이었어. 그들과 어울리다보면 한시도 심심할 일은 없을 것 같았지.

또 하나 재밌는 건 그들이 마시는 티를 제조하는 기업으로부터 스폰을 받아 여행을 하고 있다는 거야. 보통 티백 차가 아니라. 전통 차 형태의 차 말이지. 한번은 시내의 오픈콘서트에 갔는데 찻잎은 물론 버너, 코펠, 차를 우려내는 작은 도자기 그리고 전통적인 도자기 찻잔까지 챙겨서 잔디에 앉아 차를 우려내 마시는 순간순간을 사진과 동영상

을 찍었지. 아마 스폰을 받은 회사에 제출해야 했기 때문이었던 듯싶어. 찻잎이 많이 남았는지 내에게 필요하면 조금 가져가라고 했지만, 노 땡큐!

한국에 있는 친구들아, 안녕!

러시아에 체류할 수 있는 기간은 이제 한 달도 남지 않았어. 매일 쉬지 않고 빡세게 자전거를 타야 남은 기간 내에 러시아를 빠져 나가 카자흐스탄에서 쉴 수 있을 것 같아.

아침, 저녁으로 일교차가 아주 심해졌어. 아침 최저기온은 7도까지 떨어지지만, 낮에는 25도를 웃돌아. 아침, 저녁으로 추워졌음에도 모기들은 여전히 사라질 기미가 없고, 어스름이 내리면 사람 냄새, 동양인의 땀 냄새를 맡고는 한 무리씩 찾아오고 있어. 사람이 거의 없는 곳에서 말이지. 매일 나무에서 나오는 즙만 먹고 살다가 색다른 동양인 피 맛을 볼 수 있는 기회가 왔으니 신도 났겠지. 사람으로 비유하자면 매일 채소만 먹다가 어느 날 공짜로 한우 등심을 무한리필로 먹을 수 있는 기회가 주어진 거나 같지 않겠어? 자전거에서 내리는 6시쯤부터 해가 지기 전까지, 아니 한 10시까지가 그들에겐 황금시간인 거야. 그러니 나로서는 최대한 빨리 씻고 간단히 저녁을 먹거나 아니면 텐트 속에서 해결해야 해. 텐트를 벗어나면 눈 깜빡할 사이에 모기들이 달라붙어 속수무책이지만 텐트 안이라면 사정이 달라지지. 내가 무적이야. 텐트 안으로 들어오는 놈은 독안에 든 쥐거든.

신기하게 온도가 급격하게 떨어지는 늦은 저녁이나 아침에는 모기를 한 마리도 찾아 볼 수가 없어. 아침엔 모기들도 늦잠을 자는지 볼 수 없고 말이야. 모기들이 나만큼 부지런하지 않아서 정말 다행이라고 할까.

길에서 반가운 손님들을 만났어. (이제 시베리아 2차선 고속도로의 주인은 나지.)

"Peace run!"

평소처럼 자전거에 앉아 페달을 밟는데, 백발의 할머니가 성화聖火를 들고 달리시는 거야. 자전거를 세우고 잠시 이야기를 나눴더니 할머니는 1~2킬로미터 앞에 지원차량이 있다고 알려주셨어. 전력으로 질주해 차량이 있는 곳으로 간 뒤에 자전거를 두고는 다시 할머니에게로 달려가 함께 뛰었지. 옆에

서 함께 뛰어드리는 것 말고는 내가 할 수 있는 게 없었지만 내 심장이 그렇게 하라고 시켰던 거야. 어떤 응원보다, 어떤 물질적인 지원보다 옆에서 함께 뛰어주는 것, 그게 할머니에게 조금이라도 도움이 될 거라고 생각했거든.

그들과 헤어진 뒤로 지원차량이 나를 제치고 앞으로 나갔어. 계속

달리다 보니 같은 할머니가 앞에서 또 뛰고 계신 거야. 이번에는 에라 모르겠단 마음으로 자전거에서 내려 자전거를 끌면서 같이 뛰어 드렸어. 같이 뛰었던 순간만큼은 정말 행복했어. 이렇게라도 도움을 줄 수 있고 응원해 줄 수 있으니 말이야.

매일 120킬로미터를 타야 하는데 그날은 120킬로미터를 주파하지 못했어도 부담을 느끼지 않았던 날이었어.

언제부턴가 7부바지 운동복을 입고 자전거를 타고 나면, 양쪽 무릎이 아프기 시작했어. 자전거를 타다 보면 운동복이 무릎에 걸려서 그런 것 같았어. 운동복 바지를 허벅지까지 접어서 올려보지만 자전거를 타다 보면 어느새 풀려 내려와 다시 제자리였지. 여행을 준비하면서 반바지 네 개를 챙겼는데, 하나는 툴룬Tulun에서 빨래를 해서 널어놓았다가 잃어버렸고 이제 7부 운동복도 입지 못하게 된 거지. 남은 두 개로 번갈아 가며 입어야 될 것 같아. 날씨도 점점 추워지는데 반바지만 입고 타게 생긴 거지.

이제는 진짜 하루에 150킬로미터를 주행하는 건 무리인 것 같아. 150킬로미터를 주행한 다음날엔 무조건 쉬는 날이야. 무릎이 너무 아프거든. 120킬로미터에서 130킬로미터가 적당한 것 같아. 20, 30킬로미터는 숫자로 보면 큰 차이가 없이 보일지 모르지만 실제로는 육체적인 컨디션 문제에선 엄청난 차이를 가져오는 것 같아. 120, 130킬로미터만 주행해도 저녁에 침낭에 들어가면 무릎이 뜨겁게 느껴져 무릎만 밖으로 드러내놓고 자야 해.

아! 요즘엔 아침에 일어나서 따뜻한 커피와 롤케익을 먹으며 이하이의 '한숨'을 들어. 가장 행복한 시간이야. '나만 힘든 것은 아니구나.'라고 생각하면서, 위로를 받으며 하루를 달릴 수 있는 힘을 얻는 거지.

　지금 여기는 굴간Kurgan이야. 이곳에 오기 전에 옴스크Omsk란 곳에서 한번 쉬고 왔는데, 그곳에서는 로만이 소개해 준 일리아Ilya 집에서 이틀을 지냈어. 원래는 하루만 머물 계획이었는데, 일기예보에서 다음 날 천둥 번개가 치고 비가 온다고 해서 하루 더 머물렀던 거지. 둘째 날에는 일리아가 자기 밴드가 펍에서 공연을 한다며 나를 초대해 줘 공연을 보고 왔어. 그는 록밴드에서 메인 보컬인데, 그날 펍의 분위기는 어느 유명한 록그룹의 콘서트 열기처럼 엄청 뜨거웠지. 관중들은 옷을 벗어 던지고, 서로 부딪치며 방방 뛰고, 일리아는 관중들에게 몸을 던졌고. 관중들은 그런 일리아를 떠받치고 이리저리 돌아다녔는데, 그런 콘서트 모습은 충격적이었어. 나는 그저 옆에서 지켜보기만 했을 뿐 같이 즐기진 못했는데, 나중에는 그게 좀 아쉬워 졌지.

　굴간에서는 카우치서핑에 성공해서 이틀 밤을 보냈어. 큰 도시에 들어가 지붕 아래서 잘 수 있는 날에는 이틀씩 쉬기로 했지. 이젠 나에게도 충전시간이 필요한 것 같아.

　그런데 호스트는 내게 왜 스폰을 구하지 않고 혼자서 타냐고 묻더군. 여행을 준비하고 처음 자전거 페달을 밟는 순간까지도, 나는 마지막 도착 예정지인 영국에서 끝낼 수 있을 거란 자신감을 가지고 있었어. 그런데 왜 스폰을 구하지 않았느냐고? 스스로는 할 수 있다고 자신감을 가지고 있었지만 그걸 뒷받침해 줄만한 증거나 사례를 제시할 수 없었기 때문이었지. 하지만 이젠 지금까지 주행한 거리도 있으니 한번 시도해보려고 해! 잘 될 수 있을지는 모르겠지만 행운을 빌어야지.

우파Ufa에서 술병이 나다

늦여름부터 겨울이 되기 전까지 러시아 기후를 한마디로 비유하자면, '비'라고 할 수 있어. 한번은 친구가 이런 말을 하더군.

"원래 러시아는 8월 중순부터 비가 그치지 않고 내리거든. 그런데 올해는 화창한 날이 많아."

"아, 그거야 내가 러시아에서 자전거를 타고 있기 때문이지."

물론 장난스런 말이었어. 그런데 내 말을 하늘이 듣기라도 한 것처럼 이제는 해를 볼 수 있는 날이 거의 없어. 비가 내리지 않으면 흐린 날에는 자전거를 타기에 아주 좋은 날이지. 하지만 그런 날씨가 좋은 날도 몇 번 없었던 것 같아. 적어도 하루에 한 번은 소나기가 내렸으니까. 이슬비 같은 건 귀여워서 그냥 맞고 타지만 굵은 소나기가 내리면 무조건 비가 그칠 때까지 쉬었다 가야 해. 저 멀리서 비구름이 보이면 미리 대비해서 비를 피하는 거야. 어떤 때는 비구름이 다른 방향으로 몰려가서 시간을 낭비한 적도 많지만 그래도 그렇게 대비하는 게 나아.

"천 번을 재고, 단칼에 베어라."라는 말이 있는데, 나는 이 말을 이렇게 바꿔 쓰고 싶어.

"비가 올지 안 올지는 하늘을 보며 천 번 잴 시간에 달리고 또 달려라. 그리고 비가 한 방울씩 떨어지면 그때 비를 피할 곳을 찾아라."

대부분의 경우엔 처마 밑을 찾아 비를 피했는데, 한 번은 비를 피할 곳을 찾지 못해 나무 아래로 피한 적도 있었어. 나뭇잎이 그렇게 고마울 수가 없었지.

예상치도 못하게 우랄산맥 중턱에 있는 작은 도시인 미아스Miass에서 카우치서핑으로 머물게 되었어. 그 도시로 가기 위해서는 메인도로에서 빠져나가 들어가야 하지만 지붕 아래서 잘 수 있는 게 어딘가? 호스트인 알렉스Alex는 내게 집 한 채를 따로 내 주었어. 전에 할머니가 사셨던 집인데, 얼마 전 돌아가셔서 카우치서퍼coush surfer들이 이용할 수 있도록 내 주고 있다고 했지.

베란다에 나가보니 우랄산맥이 장엄하게 펼쳐진 풍경이 보였어. 정말 아름다운 풍경이라는 생각도 잠시, 마음 한 구석에서는 벌써 "아, 얼마나 힘들까?"라는 생각이 뇌리를 점령하더군.

오후엔 알렉스 친구의 자동차를 타고 미아스를 구경하고 왔어. 호수가 하나 있는데, 그들은 그 호수를 바이칼의 친구라고 하더군. 그만큼 물이 맑고 깨끗해서 관광지로 유명한 곳이래. 호수에는 요트도 몇 척 떠 있었는데 바람이 너무 심하게 불어서 그다지 평화로운 모습으로는 보이지 않았지.

다음날 아침, 알렉스는 일찌감치 내가 머물고 있는 집으로 와서 러시아 전통요리인 필미니와 과자를 준비해 주었어. 그리고 그가 자동차 학원으로 가고 몇 분 뒤에 동생이 찾아왔지. 집에서 만든 잼과 토마토소스 선물을 가지고 말이야. 나는 그의 배웅을 받으며 미하스를 떠났는데, 뜻하지 않게 만났던 그 도시는 휴양지로 유명한 것처럼 보였어. 아름다운 풍광과 고급스러운 집들도 매우 많아서 그런 느낌이 더 강하게 들었던 것 같아.

이제 나는 우랄산맥을 넘어 우파Ufa에 있어. 웜샤워Warmshower로 지붕 아래에서 잘 수 있었어. 엄청난 빗속에서 온통 흙탕물 범벅이 되어 겨우 도착할 수 있었지. 아마도 흙탕물에 빠진 생쥐 꼴이었을 거야. 호스트는 그런 내 모습을 보고는 안쓰러워 보였는지 일단 따뜻한 물로 씻고 나오라며 안내했어. 그리고 따뜻한 음식으로 대접해 주었지. 긴장이 풀리고 나니 자연스럽게 눈꺼풀이 무거워져서 낮잠에 빠져버렸는데, 잠에서 깨어 일어나자 저녁에 작은 파티가 열렸어. 말은 잘 통하지 않았지만 오랜만에 많은 사람들과 함께 시간을 보낼 수 있었지. 레드와인, 화이트와인, 데킬라, 캡틴 모건 등 정말 다양한 술들이 있었고, 나는 드디어 우랄산맥을 넘은 걸 자축하면서 잔을 드는 걸 마다하지 않았어.

우랄산맥을 넘는 것은 정말 만만치 않은 일이었어. 고도가 높은 만큼 추웠고, 계속해서 비가 내려 한기를 견디기가 어려웠지. 자전거 핸들을 잡고 있는 손이 깨져나갈 것만 같아서 휴게소에 작은 모닥불이라도 보이면 자전거

를 세우고 손을 녹이곤 했지. 산맥을 넘어가는 길이니 오르막 내리막이 수도 없이 많은 거야 당연한 일이고, 정상을 지나서도 오르막 내리막은 끝나지 않았어. 물론 높은 언덕들은 아니었지만 말이지. 하지만 오르막길보다 나를 더 괴롭힌 건 비였어. 밤이 되어서도 그치지 않는 비 때문에 주차장에 있는 폐차 안에 텐트를 치고 잤다가 아침에 주차장 주인에게 구박을 받던 적도 있었지.

우랄산맥을 넘으면 보통 지리상으로 유럽이라고 해. 그렇게 가고 싶었던 유럽, (나의 마지막 목표, 마지막 결승점) 그곳에 도착하면 꿈이 이루어질 것 같아서 열심히 달려 우랄산맥까지 달려 왔던 거야. 하지만 우랄산맥은 유럽을 들어가는 마지막 관문답게 쉽게 나를 놓아주지 않았지.

쉼표, 카자흐스탄

여기는 우랄스크Uralsk라는 곳이야. 러시아 땅에서 빠져나온 거지. 나는 이곳에서 일주일 동안 말 그대로 휴식을 취할 계획이야. 호텔 침대에 누워서 말이야.

우파에서 오렌부르크Orenburg를 거쳐 이곳까지 오는 데는 약 400킬로미터를 주행해야 해. 오는 동안 재미있는 일들이 꽤 있었어. 오렌부르크에서는 카우치서핑으로 지붕 아래에서 잠을 잘 수 있었지. 생각보다 일찍 도착할 수 있어서 여유시간에 자전거 브레이크를 점검하기 위해 자전거 가게로 들어갔어. 나는 비에 흠뻑 젖어 있었지. 내 몸에서는 빗물이 줄줄 흘러내리고 있었던 터라 가게를 더럽혀 피해를 주게 되지는 않을까 걱정이 됐어. 다행히도 사장님은 개의치 않고 반갑게 맞아주더군. 브레이크를 손보는 동안 사장님은 따뜻한 차와 함께 케이크를 가져다 주셨고, 나는 그 보답으로 울란우데Ulan-Ude에서 이곳까지 오는 동안 있었던 이야기를 들려주면서 영국까지 갈 예정이라는 내 계획에 대해 이야기했어. 사장님은 그동안 내가 달려왔던 여정이 쉽지 않았을 거라면서 격려와 함께 행운을 빌어주셨어. 브레이크를 공짜로 고쳐주신 건 물론이고 튜브와 브레이크 패드까지 선물로 주셨지.

나는 이곳까지 오는 동안 수많은 사람들로부터 도움을 받았고, 환대를 받곤 했었어. 그들은 아무것도 바라는 것 없이 그저 한낱 젊은 자전거 여행자에게 친절을 베풀고 자신들의 것을 나누어 주셨지. 사실 여행에서 오랫동안 잊혀지지 않는 추억들은 이런 것들이야. 어떤 아름다운 풍경보다, 위대한 문명이나 문화보다 소소하지만 따뜻하게 전해지던 사람 사이의 따뜻한 감정 말이야.

자전거 가게 사장님의 호의를 어떻게 돈이라는 가치로 잴 수 있겠어. 그리고 나는 중국, 몽골, 시베리아를 거쳐 이곳까지 오는 동안 그런 마음들을 에너지 삼아 씩씩하게 페달을 밟을 수 있었던 거지.

다음날, 카우치서핑 호스트가 할머니를 만나러 가야 했기에 하룻밤만 지내고 호스텔로 옮겼어. 인터넷을 검색해 가장 저렴한 호스텔을 찾았지. 방을 잡고 나서 사장님에게 자전거를 호스텔 안쪽에 놓아도 괜찮은지 물었더니 사장님은 오히려 자전거 여행자냐면서 자기네 호스텔은 자전거 여행자에게는 무료로 1박을 제공해 준다고 말했어. 와우! 이건 또 무슨 행운인가?

오후에 시내를 산책하다가 작은 카페에 들러 커피와 도넛을 시켰는데, 카페 주인이 흔치 않은 동양인을 보고 호기심이 동했는지 말을 걸어왔어. 뭐, 빤한 질문들이지. 여행하는 중이냐? 어디서 왔느냐? 어떻게 왔느냐? 등등. 그동안 내가 지나온 경로를 보여주자 그는 놀라는 표정이었어.

"와, 믿을 수 없는데? 그런데 넌 오늘밤 어디서 묵을 예정이지?"

나는 호스텔 사장님이 하룻밤을 무료로 재워 주시기로 했다는 말을 해 주었어.

"그래? 그럼 우리 카페는 자전거 여행자에겐 무료로 커피와 도넛을 제공해 준다네."

"혹시 그 기회를 내일 아침으로 미뤄도 괜찮을까요?"

"왜 안 되겠어. 내일 아침에 일하는 직원에게 말을 해 놓도록 하지."

어떻게든 내게 선물을 주고 싶어 하는 마음이 느껴졌어.

다음날 아침에 다시 카페로 갔더니 직원이 내게 커피와 도넛을 주면서 사장님의 선물이라며 작은 선물상자를 주었어. 베트남 믹스커피와 휴대용 드립커피가 들어 있었지. 나는 아주 특별한 테이크아웃 잔에 그 커피를 마셨는데, 어제 사장님이 테이크아웃 잔에 유라시아 지도와 자전거를 타고 지나가는 나의 모습을 그려 넣은 잔이었지. 커피를 한 번 마시고 버리기에는 아까운 미술작품과 같은 잔이었어.

계속 좋은 일들만 생겨서 페달을 밟으며 내내 기분이 좋았어. 뒤에서 바람까지 불어주니 자전거는 쾌속이었지. 카자흐스탄으로 향해 달리는 길에서는 노란 멜론과 수박을 파시는 분들이 나를 불러 세웠어. 그리고 멜론 한 덩이를 주셨지. 한국에서는 쉽게 맛볼 수 없는 과일인데, 멜론과 참외 맛이 살짝 섞인 듯 했어. 멜론을 맛있게 먹고는 쉬는 김에 지도를 확인했더니 웬걸, 길을 잘못 든 거야.

나는 무조건 남쪽으로만 내려가면 카자흐스탄으로 가는 걸로 알았는데 그게 아니었던 거지. 남동쪽 길을 탔어야 했는데 그냥 남쪽으로만 내려온 거야. 50킬로미터 정도를 달렸더라고. 반나절을 주행했는데 다시 돌아가야 한다니…. 그래도 하는 수 없는 일이지. 이대로 계속해서 간다면 카자흐스탄에서 300킬로미터를 더 타야 하기 때문에 그건 절대로 있을 수 없는 일이었어. 올 때는 뒷바람이 불어 쌩쌩 잘도 달렸는데 다시 되돌아가자니 이제는 온몸으로 바람을 이겨내야 했지. 거기에 비까지 내리기 시작했어.

아침에 "잘 있어!"라고 인사를 하고 헤어졌다가 다시 찾아가는 게 민망하기는 했지만 오렌부르크에 도착했을 때는 그 카페로 가야겠다는 생각밖에 들지 않더군. 사장님은 아직 출근 전이셨고, 아침에 보았던 직원이 여전히 가게를 지키고 있었어. 그분은 내게 따뜻한 커피를 내려 주셨고, 나는 내가 저질렀던 멍청한 일에 대해 이야기를 해 주었어. 그리고 다시 어제 묵었던 호스텔로 들어갔지. 민망했고 내가 정말 바보 같다는 생각이 들었어. 샤워를 하고 침대에 누워 있을 때, 카페 사장님으로부터 지금 카페로 올 수 있겠느냐는 연락이 왔어. 난 다시 돌아온 김에 고맙다는 말이라도 전해야겠다는 마음이 들어 다시 카페로 찾아갔지. 사장님께 정말 고맙다고 인사를 했어. 그런데 사장님은 생각지도 못하게 내게 스폰서가 있느냐고 물어 보시는 거야. 물론 없다고 대답했지. 사장님은 아마도 스폰서를 하나 구해 줄 수도 있을 것 같다면서 다시 연락을 주시겠다고 하셨어. 그리고 내가 가게 될 구체적인 경로에 대해 물어 보셨지.

어떻게 됐느냐고? 그 다음날 바로 연락이 왔어. 'Trial-sport'라는 스포츠용품점에서 스폰을 해 주겠다는 거였어. 참나, 러시아 말이라고는 한마디도 제대로 못하는데 처음으로 구한 스폰서가 러시아 회사라니….

우랄스크에서 쉬고 있는 동안 제안서를 마무리하려고 노트북 앞에 앉아서 우선 탄산수로 목을 축이려고 뚜껑을 열었어. "오마이 갓!" 탄산수가 폭발해 내 노트북을 덮친 거야. 키보드와 패드가 먹통이 되어 버렸지. 그래서 마음을 내려놓고 포기했어. 긍정적으로 생각하자고 마음을 먹었지. 가끔 간단하게 점심을 해결하기 위해 들어갔던 가게 사장님이 공짜로 주시던 따뜻한 차와 쿠키, 카우치서퍼 호스트, 웜샤워 warmshower 호스트, 카페 사장님, 자전거 가게 사장님 등등, 거리에서 만나 나를 도와준 모든 분들이 다 나를 응원해 주는 스폰서라고 생각하게 된 거지.

펜자 펜자 펜자 후~

한이 형은 내게 카자흐스탄의 길은 진짜 엉망이라고, 그에 비해 시베리아 고속도로는 양반이라고 말을 해 주었지. 러시아를 빠져나와 우랄스크Uralsk를 향해 150킬로미터 정도를 달렸는데, 러시아보다 나쁘기는 해도 상태가 완전 엉망이라고는 생각은 들지 않았어. 그런데 다시 러시아로 돌아가는 길은 그야말로 최악이야. 라이딩을 하는 내내 나는 이렇게 중얼거리고 있었어.

"차라리 비포장도로가 나아. 이 빌어먹을 도로보다 자전거를 타는 데는 훨씬 편할 테니까."

"세상에 이것보다 최악인 길은 없을 거야."

얼마나 덜덜거리는 핸들을 잡고 있었던지, 잠자리에 들어서도 손이 덜덜덜 떨리는 기분이었지.

카자흐스탄의 마지막 캠핑은, 국경 바로 앞이었어. 다음날 국경을 넘을 때 시간을 아끼기 위해서였지. 국경지역이어서 군인이나 경찰들이 뭐라고 할 줄 알았는데 아무런 상관도 하지 않더라고. 오히려 불침번까지 서 주니까 편하게 잠을 잘 수 있었지. 몽골에서 만났던 프랑스 친구 제롬은 비자 문제 때문에 그 국경에서 3일을 보냈다고 했는데 그에 비하면 나는 양반인 거지. 내가 예상했던 것보다 국경을 넘는 데는 오래 걸리지 않았고, 오히려 2시간을 벌었어. 바로 인접해 있는 두 국가인데도 시차가 2시간이나 나다니. 참 신기한 경험이었지.

국경을 넘은 날 오후 3시쯤, 따뜻한 차를 마시고 싶어서 주유소 옆에 위치한 휴게소에 들렀어. 자전거를 세워두고, 휴게소로 들어가 차와 간식거리를 주문했지. 밖에 세워져 있는 내 자전거를 보신 사장님은 직원에게 내게 파스타를 하나 만들어 주라고 하시고는 오늘 잠잘 곳이 없다면 여기서 자고 가라고 하셨지. 나는 완전 땡큐지. 이젠 하룻밤을 밖에서 자고 나면 다음날은 꼭 지붕 아래에서 자야 몸이 피로가 풀리거든. 사장님은 내게만 호의를 베푸시는 건 아니었어. 몽고랠리 여행자, 오토바이로 여행하시는 분들이 옆 주유소에서 기름을 넣고 있으면, 자기 휴게소로 초대하신다면서 지금까지 이곳을 지나간 여행자들의 사진을 보여주셨지.

오후 3시에 자전거에서 내려 러시아 문화체험을 했어. 집안에 있는 러시아식 사우나 '반야'에서 몸을 푹 담그고, 저녁으론 숯불에서 오랫동안 구운 샤슬릭을 먹었고. 하이라이트로 러시아 홈메이드 술인 '사마곤'도 마셨는데, 좋은 사마곤은 불이 붙는다면서 시범을 보여 주시기도 했지. 불 쇼만 구경할 순 없지, 마셔봐야지. 시중에서 파는 보드카보다 훨씬 맛있고 뒤끝이 깔끔했어. 반나절 사이에 속성으로 경험한 러시아 문화였지.

이쯤에서 러시아 경찰들에 대한 이야기를 해 주려고 해. 자동차나 오토바이로 여행하는 사람들과 러시아에서 만난 모든 친구들은 러시아 경찰들을 정말 싫어해. 돈을 너무 밝힌다고 말이지. 특히 교통경찰들은 봉급보다 교통단속으로 벌어들이는 돈이 훨씬 더 많다고 들었어.

교통경찰들은 숲속에 숨어서 카메라로 속도를 체크하고는 불쑥 튀어나와 벌금을 물리거나, 망원경을 가지고 멀리서 오는 차를 보며 안전벨트 착용했는지 체크하고 벌금을 받아내. 이건 자전거를 타다 보면 흔히 볼 수 있는 일이야.

그보다 더 심한 일들도 있어. 제한속도를 넘지도 않았는데도 외국사람 차량인 걸 확인하고 돈을 요구한다거나 말도 안 되는 이유로 외국인에게 돈을 요구한다고 들었어. 러시아 경찰들의 타깃은 이륜 이상의 구동 차량들인 게 정말 다행인 게 난 한 번도 도로 위에서 만난 경찰들과 마찰을 겪었던 적이 없었고, 오히려 경찰들은 나를 보며 엄지를 치켜세워 주었지.

경찰과 딱 한 번 마찰을 겪은 적이 있는데, 사라토브Saratov란 도시에서였어. 웜샤워warmshower에 연결돼 호스트와 연락을 하기 위해 핸드폰 가게 앞에서 서성이고 있을 때였어. 반바지 차림에 비에 홀딱 젖은 상태로 슬리퍼를 신고 있었는데, 지나가던 경찰이 내게 다가오더니 여권을 보여 달라

는 거야. 나는 비에 흠뻑 젖고 짐을 풀기가 귀찮아서 핸드폰에 있는 여권사진을 보여 주었어. 경찰은 내가 너무 건방지다고 생각했는지 나를 경찰서로 연행해 갔어.

그제야 나는 아, 이거 잘못하면 심각해지겠다고 생각해서 진짜 여권과 러시아에 머물 때 항상 가지고 다니는, 러시아어로 되어 있는 한-러 상호협정체결서를 보여주며, 자전거 여행 중이라고 했어. 그리고 지금까지 달려온 지도를 보여주었지. 그러자 조금 딱딱했던 분위기가 180

도 달라졌어. 악수도 건네고, 등도 토닥여 주고, 함께 사진을 찍기도 했지. 그러니까, 내게는 러시아 경찰들은 모두 좋은 사람들이라는 거야.

최악의 상황! 며칠 전부터 오른쪽 페달에서 좋지 않은 소리가 나더니 갑자기 빠져 버렸어. 아직 큰 도시인 펜자Penza까지 가려면 70킬로미터는 더 달려야 하는데 말이야. 한쪽 페달 없이 슬리퍼를 신은 채로 겨우겨우 자전거를 탔어. 균형이 맞지 않아서 오른쪽을 더 깊게 밟아야 페달이 완전히 돌아갔어. 펜자는 산속에 갇혀 있는 도시야. 대충 상상할 수 있겠지? '힘들다. 힘들다.'란 말을 너무 많이 써서 이젠 얼마나 힘들었다는 걸 잘 설명하지 못 하겠어. 그냥 입에 육두문자만 달고 펜자까지 꺼이 꺼이 울면서 갔지. 나의 스폰서 'Trial-sport'를 찾아가니

무료로 페달을 교체해 주고는 누가 봐도 스폰서인 게 티가 나도록 페니어pannier에 스티커를 붙인 다음, 'Trial-sport'라고 적혀 있는 후드티도 선물로 주시더군. 다시 한 번 카페 사장님께 감사하다는 마음을 전하고 싶어.

러시아 하늘에서 뛰어내리다

웜샤워 호스트는 내게 헬멧을 선물로 주었어. 샹트페테르부르크St. Petersburg에 살고 있는 친구가 이사를 가기 전에 호스트 집에 두고 간 거라면서 혹시 헬멧이 맞지 않으면 샹트페테르부르크에 도착하게 되면 원래 주인에게 돌려주면 된다고 했지. 일석이조. 헬멧도 얻고 어쩌면 샹트페테르부르크에서 지낼 수 있는 곳도 생길 확률이 있으니까.

　자전거 헬멧을 처음 썼을 때는 뭔가 이제 나도 자전거를 타는 사람처럼 보여서 어깨가 으쓱했어. 하지만 본격적으로 헬멧을 쓰고 달리다가 정확히 3시간 만에 헬멧을 벗어 던졌어. 난생 처음 헬멧을 쓴 터라 뒷목 근육이 당겨 도저히 쓸 수 없겠더라고. 괜히 자전거 라이더 행세를 좀 해보려고 했다가 목만 아프고, 약속은 했으니 샹트페테르부르크까지 가져갈 짐만 하나 더 늘어난 셈이지. 난 그냥 자유롭게 내 마음대로 타는 게 가장 나다운 것 같아.

　이제 러시아는 완전 가을이야. 벼가 누렇게 익어 고개를 숙이거나, 하늘이 뚫린 것처럼 파란 하늘은 아니었지만, 나뭇잎이 옷을 갈아입거나 하나 둘씩 떨어져 도로에 얌전히 누워 있었지. 남자라고, 가을이 오니 괜스레 싱숭생숭 해지네!

　모스크바로 가는 메인도로에 호텔이 있으면 일단, 그곳을 하루 동안 이동할 목적지로 정해 두고 달려. 이곳도 그렇게 해서 정해진 곳이지.

유별났던 점은 보통 호
텔이 있는 곳 근처엔 무조
건 작은 마을들이 있기 마
련인데, 이곳에는 마을이
라곤 찾아볼 수가 없었다
는 거야. 하지만 메인도로
와 많이 떨어져 있지 않아
서 오히려 더 좋았지.

호텔에 도착해 보니 허
허벌판에 펜션 같은 건물
들이 세워져 있었어. 직감
적으로 '아, 이곳은 내가 머
물기에는 정말 비싼 곳이
겠다.' 싶었지. 그래도 혹시
나 하고 물어봤는데, 역시
나 가장 저렴한 도미토리
룸이 700루블이야. 사장님
이 영어를 아주 잘하셔서
오랜만에 사람들과 대화
를 나눌 수 있겠다는 기대
를 품고 하루 머물기로 했지.

사장님은 저녁에 식당에서 직원들 파티가 있다며 나를 초대해 주셨
어. 저녁 파티에 뻘쭘하게 앉아 있는데, 내 또래로 보이는 친구가 자전
거 여행 중이냐며 관심을 보이면서 이곳에 대해 소개를 해 주더군. 이
곳은 바로 스카이다이버들의 베이스캠프와 같은 곳이라는 거야. 주말

에 수업을 들으러 오는 수강생들이나 회원들이 이곳에 와서 주말을 보
낸다고 했어. 그는 온 김에 스카이다이빙을 하고 가라며 제안했는데,
가격은 8,000루블!

다음날 날씨가 너무 좋아서 스카이다이빙을 하고 하루 더 머물기로
결정했어. 스카이다이빙은 내 버킷리스트 중 하나이기도 해서 잔뜩 기

대를 품고 친구 품에 안긴 채 비행기에 탑승했지. 출입문이 열려 있는 상태로 하늘로, 하늘로 끝도 없이 솟구쳐 올랐어. 베이스캠프가 이제 눈으로 알아볼 수도 없는 작은 점처럼 보일 때까지 올라갔지. 여기서 낙하를 해서 어떻게 베이스캠프에 정확히 낙하를 할 수 있는지 궁금해질 정도로 높은 하늘! 마침내 기장이 뛰어내려도 좋다는 신호를 보냈고, 나는 친구 품에 안겨 지구를 향해 하염없이 떨어져 내렸어. 친구는 나를 더 재밌게 해 주겠다며 공중에서 앞으로 뒤로 돌고 양 옆으로 회전하는 등의 기술을 보여 주었지. 어느 정도 지구와 가까워지자 패러글라이딩이 펼쳐졌고, 친구는 또 좌로 우로 방향을 급하게 틀면서 소리쳤어.

"정말 재밌지 않아?"

아무 말도 할 수 없었지. 그저 눈에 보이지도 않던 베이스캠프에 안전하게 착륙하고 나서야 나는 속으로 중얼거렸어.

"아, 살았다!"

사실 비행기를 타고 올라갈 때부터 기압이 빠르게 변해서 귀가 아팠는데, 비행기로 올라가는 속도보다 더 빠른 속도로 낙하를 하다 보니 내려올 때는 더 심하게 아팠어. 그리고 흥이 많은 친구 덕분에 사실 멀미가 조금 난 상태였지. 마음과 몸을 안정시키기 위해 잔디에 앉아 따뜻한 차를 마시고 있는데, 몇 번 더 다이빙을 하고 온 친구가 내게 오더니 한 번 더 타자고 제안했어.

"오~ 노 땡큐!"

스카이다이빙을 하고, 사진을 찍고, 롱 보드도 타면서 친구들과 놀았어. 모스크바에 하루 늦게 들어간다고 해서 뭐, 큰일이 벌어지는 건 아니니까. 날씨도 이렇게 좋은데 잔디에 누워 쉬기도 해야 하는 거지.

이곳에서 스텝으로 일하는 친구들은 모두 흥이 많았어. 주중에는 각

자의 일을 하고 주말에는 이곳에 와서 수강생을 교육하기도 하고 재미로 스카이다이빙을 해. 스카이다이빙을 너무 많이 해서 그런지 늘 텐션이 업 되어 있는 친구들이었어. 겨우 하루 정도만 함께 시간을 보냈는데도 엄청 친해질 수 있었지. 그러고 보면 시간에도 밀도가 있다는 생각이 들어.

붉은 광장 모스크바

큰 도시에 들어갈 때마다 늘 비를 맞는다는 징크스는 모스크바 Moscow에 입성할 때도 어김없이 맞아 떨어졌어. 모스크바에 도착하기 3~4일 전까지는 날씨가 아주 좋았는데, 내가 모스크바로 들어가려고 하니, 하늘은 어두워지고 이슬비가 내리는 거야. 모스크바로 들어가는 길은 고속도로도 아닌데 6차전이었고, 넓은 길에는 자동차들이 오도 가도 못 하고 멈춰 서 있었어. 이럴 때면 난 가장 신이 나곤 했지. 갓길을 달리면서 멈춰 있는 자동차들을 힐끔 힐끔 바라보면서 '부럽지?'라는 표정을 지으며 달리는 거야. 뻥 뚫린 도로에서 쌩쌩 달려갔던 자동차들에 대한 소심하지만, 통쾌한 복수를 하는 느낌이지.

붉은 광장에서 한이 형을 다시 만났어. 형은 모스크바에서 만난 동근이와 동우를 소개해 주었는데, 한이 형처럼 오토바이를 타고 유라시아를 횡단하고 있는 중이었지. 너무나도 멋진 오토바이를 타고 있었어. 아, 저렇게 멋진 오토바이를 타고 여행을 하면 아무리 추워도 행복할 것 같았지.

모스크바에서 머물렀던 7일 중 5일은 한국인 친구들과 함께 시간을 보냈어. 모두 여행자 신분이어서 공통점이 많아 함께 지내기 너무 편했

고 한국말로 대화를 할 수 있다는 게 무엇보다 좋았어. 슈퍼마켓에서 저렴하게 장을 봐 호스텔에서 한국식 음식을 만들어 먹고, 여행에 필요한 장비와 다가올 겨울에 대비해 방한용품도 구입했지. 그때 마련한 것이 내게 꼭 필요한 히트텍 바지야.

모스크바에서 한국인 친구들 말고도 러시아인 두 분과 독일인 한 분도 만났어. 내가 바이칼에 처음 도착했을 때 나를 집으로 초대해 주시면서 모스크바에 가면 자기 아들 집에서 자라면서 연락처를 주셨던 분들의 아들인 아유르Ayur야. 초면이었지만 다른 가족들을 먼저 만나서 그런지 서로 알고 지낸 사이처럼 편안했지. 다른 한 분은 안톤Anton인데, 바이칼에서 여름휴가를 보낼 때 만났던 채식주의자인 분으로, 우리는 채식주의자 식당에 가서 아주 건강한 식사를 했지. 그 식당은 종업원들 옷을 비롯해 곳곳에 'Health is new sexy' 란 로고가 박혀 있었어. 정말 매력적인 문장이어서 아직도 기억에 남아. 오랜만에 친한 친구를 만난 것처럼 그동안의 안부를 묻고 즐거운 대화를 나눴지.

독일인은 줄리아Julia란 여성이었어. 교환학생으로 샹트페테르부르크에 왔다가 귀국하기 전에 3주가량 모스크바에서 인턴을 하러 오신 분이었지. 우린 호스텔에서 만났는데, 샹트페테르부르크에서 공부하는 동안 친한 한국인 친구가 가르쳐 주었다면서 어눌한 발음으로 한국말도 했어. 발랄한 성격에 '나는 좋은 사람이야.'라는 표식을 이마에 붙이고 있었지. 우리는 페이스북 주소를 교환하고, 전화번호도 주고받았어. 혹시 독일에 갔을 때 줄리아가 살고 있는 도시 근처를 지나가게 되면 연락을 주기로 했지.

다음날 내가 한국 친구들이 머물고 있는 호스텔로 옮기는 바람에 헤어지게 되었는데, 줄리아 생각이 나서 전날에 받은 전화번호로 문자를 보냈더니 누구냐고 독일어로 답장이 오는 거야. 어제 호스텔에서 만났던 준이라고 했더니, 다시 독일어로 답장이 왔어. 난 줄리아가 장난을 치는 줄 알고 영어로 답장해 주면 안 되겠냐고 물어 봤더니 영어로 쓸 이유를 모르겠다고 하지 뭐야. 난 독일인 친구에게 도움을 청했어.

'어제 모스크바 호스텔에서 만난 준인데 다시 한 번 만나고 싶다. 오늘 저녁 시간 되냐?'를 독일어로 번역해 달라고 말이지. 그리고 다시 줄리아에게 문자를 보냈어. 줄리아는 읽기는 했지만 답장이 없었어.

뭐, 이런 일이…. 안되겠다 싶어서 어제 묵었던 호스텔로 달려가 카운터 직원에게 부탁을 했지.

'줄리아란 독일 여자를 찾는다. 엊그제 체크인을 했고 내일 체크아웃할 건데 혹시 호스텔에 들어오게 되면 내 번호를 좀 전해 달라.'

호스텔로 돌아온 뒤에 갑자기 페이스북에 친구 추가를 했었다는 게 생각났어. 페이스북 메신저로 문자를 보냈지. 답장이 왔어. 저녁에 시간이 되면 잠시 만나자고 했더니 줄리아는 친구들과 저녁을 먹고 난 뒤에 시간이 있으니 봐도 좋다고 했어. 다시 줄리아를 만나 내가 보낸 문자들을 보여주면서 번호가 맞느냐고 물었어. 문자를 읽고 난 줄리아가 웃었어.

"아, 미안해. 숫자 하나가 잘못 입력되었네?"

나는 그동안 전혀 모르는 사람에게 보고 싶다고 문자를 하고 있었던 거야. 그녀가 답장을 한 걸 보면 그녀의 이름도 줄리아Julia였나?

모스크바에 있는 동안 2개의 축구구단을 방문했어. CSKA 모스크바와 스파르탄 모스크바. 내 여행의 진짜 목적은 훈련장을 방문해 감독을 만나게 되면 축구에 대한 나의 열정을 보여주고 조언을 구하는 일이야. 그 일을 이제 시작할 수 있게 돼 너무 기뻤지. 자전거를 타고 훈

련장으로 달려가서 "축구 코칭을 배우고 싶어서 여기까지 자전거를 타고 왔습니다." 라고 하면 감독, 코칭스태프, 선수들이 반갑게 맞이해 줄 거라 생각했던 거야. 내가 순진했지. 다시 또 다른 시간을 투자해야만 만날 수 있었던 거지.

CSKA 모스크바에서는 5시간 동안 추위를 참으며 기다린 끝에 감독을 만나 이야기를 나눌 수 있었어. 감독님은 비선수 출신이라도 할 수 있다면서 응원과 격려를 보내 주셨지. 지금까지 내가 한국에서 모스크바까지 자전거를 타고 달려올 수 있었던 건, 훈련장 앞에서 감독님과 만나 긍정적인 응원 한마디를 듣기 위해였던 것 같아. 그리고 스파르탄 모스크바 1군 훈련장을 찾아간다고 갔던 곳은 1군 훈련장이 아니라 유소년 훈련장이었어. 그곳에서는 어느 누구와도 이야기를 나누지 못했지. 그저 행복하게 축구를 하는 어린 아이들을 한 시간 넘게 지켜보다 왔을 뿐이야.

러시아의 마지막 도시, 샹트페테르부르크

추위에 떨면서 우여곡절 끝에 샹트페테르부르크까지 왔어. 모스크바에서 샹트페테르부르크까지는 2번의 웜샤워와 1번의 카우치서핑을 이용했지. 모스크바까지 오는 동안 달려왔던 수천 킬로미터의 여정 동안 7번 카우치서핑과 웜샤워를 했던 것에 비하면 단 700킬로미터를 달리면서 3번이나 성공한 건 대단한 행운이었을까? 어쨌든 빈도수가 높다고 할 수 있지. 도시들도 시베리아를 달릴 때와는 달리 가끔씩 보이는 IKEA와 다른 세계적인 브랜드들을 보면서 이제 유럽에 도착했구나, 라고 실감할 수 있었어.

상트페테부르크로 가는 길에서는 자동차로 여행을 하시는 한국인 두 분을 만나기도 했지. 그분들은 중국에서 마시는 차 사업을 하고 계신 분들이었어. 자신들이 만든 전통 차를 유럽에 알리기 위해서 여행을 시작하셨다고 했지. 시베리아를 달려 샹트페테르부르크를 지나 유럽으로 들어갈 계획이라고 하셨는데, 길에서 태극기를 달고 달리는 자전거 한국인 자전거 여행자를 보시고 반가워서 차를 세우셨다는 거야.

그분들은 추운 날씨에 고생한다며 샹트페테르부르크까지 태워주시겠다며 제안하셨어. 하지만 나와의 약속도 있고 웜샤워 호스트와 한 약속도 있었으므로 정중하게 사양해야 했지. 혹시나 하는 마음에 저녁에 잘 때 필요한 두꺼운 침낭을 구할 수 있느냐고 물어 보니 예비로 가져온 침낭에서 자꾸 털이 빠져 처분하려고 했는데 잘됐다면서 내게 완전 따뜻한 침낭을 선물로 주셨어. 부피가 크긴 했지만 따뜻하게 잘 수 있다는 것에 감사해야 할 일이지. 또 그분들은 가다가 따뜻한 음식이라도 사먹으라며 응원하는 의미라며 2,000루블이나 주셨어. 시베리아를 지나는 동안 하루 평균 300루블로 살았던 내게는 정말 큰돈이었지.

다시 한 번 감사하단 마음을 전하고 싶어.

　우랄산맥을 넘을 때 폐차에서 잤던 것과 같은 이유로 폐가에 들어가 잠을 잤어. 그날도 어김없이 이슬비가 내려 내 몸을 적셨고 일기예보엔 다음날에도 비가 온다고 예보되어 있었어. 도로변 모텔들은 터무니없이 비싼 가격을 불렀고, 그날따라 그런 모텔조차 찾아보기 힘든 날이었지. 6시쯤 하루 동안 달려야 할 거리를 마무리한 후 비를 피해 텐트를 칠 만한 적당한 나무 밑이라도 있는지 두리번거리던 중 문이 열려 있는 폐가를 발견한 거야. 폐가 옆에는 집 한 채가 더 있었는데 내가 폐가를 발견했을 때 마침 그 집 주인이 나오셨어. 아무리 폐가여도 허락 없이 들어가면 안 될 것 같아 옆집 주인에게 폐가에서 하룻밤을 보내도 괜찮은지 물어 보았지. 그는 "안 될 게 뭐가 있어?"하는 제스처와 함께 폐가로 나를 인도해 줬어. 그리곤 거실 문을 열고 들어가더니 적당한 곳에서 자라고 했지. 폐가에 들어가 본 건 그때가 처음이었는데 무섭다기보다는 빈집 냄새 때문에 차라리 밖에서 보내는 게 나을 것 같더라고. 결국 난 처마 밑에 텐트를 치기로 했어. 그때 내 눈에 보였던 건 바로 오래된 매트리스! 에어 매트 대신 진짜 푹신한 매트 위에서 잘

수 있을 것 같아 매트리스를 깔고 그 위에 텐트를 치고 편하게 잤지.

비를 피해 처마 아래에서 잤는데도 결로현상 때문에 텐트 내부는 흥건하게 젖어 있었어. 아침에 텐트를 말리는 일은 어떻게든 계속해야 될 것 같아.

샹트페테르부르크에서는 호스트의 집에서 일주일을 머물렀어. 그렇게 오랫동안 머물 생각은 아니었지만 어쩌다 보니 그렇게 되었지. 친구와 함께 쇼핑을 하거나 축구를 하거나 야간 라이딩을 하거나 이곳저곳 구경을 하거나 공원을 거닐거나 카페에 가거나 축구클럽 훈련장을 방문하거나 해질 무렵이면 강변에서 러닝을 하거나 그냥 집에서 쉬면서 지금까지 달려왔던 길들을 추억하거나 하면서 시간을 보냈어. 마치 샹트페테르부르크에서 오랫동안 살았던 토박이처럼 도시의 일상에 섞여 일주일을 보냈던 거야.

러시아에서 보낸 90일, 7,500킬로미터

군대에 다녀왔다면 다들 잘 알고 있을 거야. 온갖 일들을 함께 겪게 되면서 동료들과 미운 정, 고운 정을 맺으며 동질감을 형성하게 된다는 것을. 그래서 미운 정도 정이라고 어느 순간 정이 가고 그리워지기까지 하지.

석 달이나 자전거를 타고 횡단하면서 겪었던 러시아에서의 나날들, 행복한 추억도 잊고 싶은 추억도 있었어. 하지만 이제 막상 러시아를 떠나게 되면서 마치 군대를 전역할 때의 마음처럼 그저 섭섭하기만 해.

자전거로 시베리아, 러시아를 횡단하는 계획을 털어놓았을 때 친구들은 걱정과 함께 의아한 표정이었지.

"왜? 시베리아 횡단철도를 타면 3~4일이면 모스크바까지 갈 수 있는데, 자전거로 간다고? 시간을 아껴서 춥지 않을 때 네가 가고 싶어

하는 북유럽을 여행하는 게 낫지 않아?"

"러시아는 도로 상태도 좋지 않고, 트럭이 너무 많이 다녀서 위험해!"

러시아 친구들조차 러시아 도로에서는 자전거를 탈 생각을 하지 않는다고 해. 즉 러시아를 자전거로 횡단하는 걸 긍정적인 시각으로 보아 준 사람은 아무도 없었지.

맞는 말이었어. 러시아의 도로는 생각보다 상태가 좋지 않아. 일부의 구간은 포장공사를 마쳐서 상태가 괜찮지만 나머지 대부분의 구간은 도로 상태가 좋지 않거나 비포장도로여서 흙먼지가 풀풀 날리는 길이야. 물론 어마 어마하게 많은 트럭들이 지나다니기도 하지. 배려심 돋는 기사님은 자전거 여행자를 배려해 천천히 피해서 지나가시지만 더 많은 트럭 기사들은 빠른 속도로 내 옆을 쌩하고 스쳐 지나곤 했어. 트럭이 일으키는 바람에 자전거가 휘청거려 위험했던 적도 꽤 있었지.

좋았거나 좋지 않았거나 러시아는 내가 가장 오랜 시간 동안 머물렀던 곳이야. 그만큼 이야기 거리도 많은 곳이고, 정이 많이 들었던 곳이기도 하지. 자전거 페달을 밟으며 느리게 여행하면서 좋은 친구들도 많이 만났고, 멋진 장소들에 대해서도 많이 알게 되었어.

나는 너무나도 많은 러시아 친구들에게 도움을 받았고 늘 고마운 마음이었지. 너무나도 친절하고 따뜻하게 나를 환대해 주었던 이들이었어. 모든 사람들이 위험하다고, 힘들다고 만류했던 러시아 횡단을 무사히 마칠 수 있었던 건 오로지 그들 덕분이라고 할 수 있지. 이렇게 글을 쓰는 동안 벌써, 그들이 그리워.

러시아에서 가장 많이 들었던 말, 다바이!

러시아 자전거 여행 Tipps

한 · 러 상호협정조약
한국과 러시아는 2014년부터 무비자로 양측 국가를 180일 중 90일 동안 여행할 수 있다는 협정을 맺었다. 단, 러시아를 처음 방문했을 때 60일을 체류할 수 있으며, 60일을 모두 채우게 되면 러시아에서 나갔다가 돌아와서 30일을 더 체류할 수 있다. 가끔 러시아 경찰이나, 국경검문소 직원들이 이 내용을 모르고 있는 경우가 있으므로 만약을 대비해 조약 내용을 러시아어로 프린트해 놓자.

거주지 등록
러시아 입국 후 3일 이내에 호텔이나 다른 숙박업소에서 거주지 등록을 해야 된다고 한다. 하지만 나와 같은 자전거 여행자는 매번 옮겨 다니게 되고 주로 캠핑을 하기 때문에 거주지 등록을 하지 못했다. 한번은 경찰이 내게 거주지 등록증을 제시할 것을 요구했는데, 지금까지 달려온 지도를 보여 주며 텐트에서 잔다고 하자 경찰은 내 상황을 이해해 주었다.

트럭 아저씨
시베리아 도로에서 자전거를 탈 때 최대의 적은 트럭이다. 트럭이 내 옆을 지나가게 되면 자전거가 휘청거린다. 하지만 쉴 때는 다르다. 도로 중간에는 트럭 기사들이 쉴 수 있는 공간들이 한 쪽에 만들어진 곳이 있는데, 휴식을 취하고 계시던 기사 분들이 나를 초대해 차, 커피, 쿠키, 소세지 등등 먹을 것을 주시곤 했다. 가을로 접어들고 나서는 매우 추워서 밖에서 쉬는 건 쉬는 게 아니다. 잠시 멈추는 것뿐이다. 하지만 트럭 기사님들로부터 초대를 받고 다시 달릴 수 있는 힘을 얻곤 했다.

기차역에 있는 숙박시설 이용하기
비는 오고 호텔은 너무 비쌀 경우, 근처 도시의 기차역을 방문해보자. 너무 작은 기차역을 제외하고는 잠시 쉴 수 있는 숙박시설이 마련되어 있다. 호텔보다 훨씬 저렴한 가격으로 이용할 수 있는데, 게스트하우스처럼 방에는 4개의 침대가 있고, 간단히 씻을 수 있는 세면시설도 구비하고 있다. 손님들은 주로 새벽기차를 타는 여행객들이고 기차시간이 되면 역무원이 깨워 준다. 개인수건도 별도로 준다.

레인재킷
러시아를 지날 때 챙겨야 할 필수 아이템은 '레인재킷.' 레인재킷은 방수효과뿐만 아니라 보온 효과도 있다. 가을로 접어들면 비가 오는 날이 잦아지고, 기온이 현저하게 떨어지므로 꼭 필요한 아이템이다.

폭설에 묻힌 발틱 3국

에스토니아

 한 러시아 친구가 내게 사진을 한 장 보여주었어. 에스토니아에 가게 되면 정말 예쁜 국경을 볼 수 있을 거라면서. 과연 기가 막혔지. 부푼 기대를 품은 채 러시아를 빠져 나가던 마지막 날 아침, 러시아는 작별 선물로 눈을 마련해 주었던 거야. 새로 선물을 받았던 거위 털 침낭 덕분에 눈이 내리고 있는 줄도 모르고 꿀잠을 자고 일어났더니 텐트 밖은 완전히 새하얀 세상이더라. 눈 덮인 숲 한복판에 세워져 있는 텐트와 자전거. 정말 넋을 놓고 로맨틱한 아침을 즐겼지. 하지만 로맨틱한 풍경을 즐기는 감상은 채 10분도 되기 전에 가혹한 현실 세계로 나

를 끌어내렸어. 눈송이는 점점 더 커지고 있었고, 눈 속에 갇히기 전에 최대한 빨리 러시아를 빠져나가야 했지.

친구가 보여줬던 사진 속의 국경에 도착했을 때, 눈에 덮인 풍경은 정말 황홀 그 자체였어. 그림 같다는 말은 진부할 뿐이지.

러시아와 에스토니아는 강을 경계로 국경을 마주하고 있는데, 강 양안에는 각각 성이 세워져 지금도 제 나라를 방어하고 있는 듯했지. 눈과 강과 오래된 성….

정신없이 국경을 넘었어. 겨우 정신을 차리고 보니 자전거 뒷바퀴 공기가 다 빠져 있더군. 눈이 내리고 있는 거리에서 튜브를 교체할 수는 없어서 자전거 가게를 찾아 들어가 사장님께 양해를 구하고, 튜브를 교체할 수 있었던 건 그래도 다행이었어. 정말 죄송했던 건, 눈을 맞고 탔던 탓에 사전서와 짐들 그리고 내게서 눈 녹은 구정물이 뚝뚝 떨어져내려 가게 바닥을 더럽혔다는 거야. 내가 더럽힌 바닥을 청소하려고 하자 사장님은 괜찮다면서 그냥 가라고 손짓을 하시며, 튜브까지 선물하시더군.

튜브를 고치는 동안에도 눈은 그치지 않고 계속 더 쌓였어. 국경을 넘는 게 전부였던 그날은 조금 더 달려서 다음 도시까지는 가야 할 것 같았지. 국경도시 나르바Narva에서 빠져나와 10킬로미터 정도를 달렸을 때였어. 눈 내린 길은 미끄러웠고,

추웠지만 어떻게든 참으면서 페달을 밟고 있었는데, 자동차 한 대가 지나가면서 내게 눈 녹은 물을 뒤집어씌우는 거야. 겨우 참으면서 페달을 밟던 나는 기분이 완전히 뒤집어져서 더 이상 자전거를 타기가 싫어졌어. 자제심을 잃자 참았던 추위도 몇 배나 더 견디기 힘들어졌고 무엇 때문에 춥고 미끄러운 길을 달려야 하는지 의미를 잃었던 거지. 나는 떠나왔던 나르바를 향해 핸들을 돌렸어. 그리고 나르바의 한 호텔로 들어가 따뜻한 물에 몸을 담갔어. 겨우 몸이 녹고 마음이 풀리더군.

다음날 아침에도 눈은 계속해서 내리고 있었어. 양말 위에 발이 뚫리지 않도록 비닐봉지로 감싼 다음 운동화를 신었지. 처음엔 비닐봉지가 효과를 발휘해서 제법 만족스러웠지만 효과는 반나절을 채 버티지 못했어. 손과 발이 깨질 것 같아서 자주 쉬어가면서 손과 발에 온기가 돌도록 운동을 했지.

새삼스럽게 내가 지금 무엇을 하고 있는 것인지 의문이 들었어. 자전거를 타고 유럽까지, 좀 멀기는 하지만 하루하루 꾸준히 페달만 밟으면 목적지에 도착하게 될 것이라 믿었지. 시베리아가 춥기는 하지만 유럽은 별 문제 없으리라는 생각도 했어.

떠나기 전의 모든 여행은 아름다운 법이야. 남들이 미친 짓이라고 말리는 일이니, 내가 이걸 해내기만 하면 그 열정을 인정받고 그로써 내가 가진 꿈을 향해 나아갈 수 있는 원동력이 되어 줄 것이라고 믿었지. 한국에서 유럽까지 자전거를 타고 클럽 훈련장을 방문하면 기꺼이 감독이 나를 만나 줄 것이라고 믿었고, 그들로부터 축구에 대한 내 꿈을 실현할 수 있는 귀중한 조언을 들을 수 있을 거라고 기대한 거야.

하지만 현실과 꿈 사이에는 먼 곳에서 볼 때와는 달리 거대한 간극이 있음을 깨닫게 되었어. 감독을 만나는 일도 어려웠지만 그들에게 말을 건넬 수 있는 기회는 더욱 가능하지 않았지. 자전거 여행은 그저 자전거 여행일 뿐이었고, 축구에 대한 내 꿈을 실현하기 위해서는 그에 따른 투자를 따로 해야 한다는 진실을 깨닫게 된 거지.

그럼에도 나는 자전거를 타고 유라시아를 횡단하면서 어떤 도전에서라도 기꺼이 나설 수 있는 열정과 늘 새로운 목표를 정하고 끝없이 도전해야 한다는 삶의 가르침을 얻을 수 있었어. 이보다 더 큰 가르침을 세상 누구에게 배울 수 있겠는가? 그러니 잠시 낙담하고 컨디션과

멘탈이 무너져도 주저앉을 수는 없는 일이었지.

탈린Tallinn에서는 동근이와 함께 3일 동안 지내면서 아침마다 올드타운과 성 주위를 운동삼아 러닝을 하거나 관광을 했어. 관광객들이 아직 일과를 시작하지 않은 이른 아침 조용하게 가라앉아 있는 올드타운의 거리를 달리는 건 내가 생각해도 아주 참신한 여행법인 것 같았지. 나는 아침거리를 달리면서 그 도시가 가지고 있는 진짜 색깔을 오롯이 느낄 수 있었어. 그리고 오후에는 아침에 천천히 러닝을 하면서 괜찮다고 생각했던 곳을 찾아 천천히 걸으며 사진도 찍고, 느긋하게 앉아 여유로운 시간을 보냈던 거야.

출발 전날 아침에 러닝을 하면서 반가운 사람을 만났어. 자전거 여행자, 같은 별에서 온 동료를 만났던 거야. 우리는 가는 방향까지도 같았지만 그는 오늘 떠날 예정이었지. 그는 3일 뒤에 묵게 될 웜샤워 호스트를 구했다면서 내가 그곳으로 오게 되면 함께 라이딩을 할 수 있을 거라고 했어. 마음속으로 다짐했지. 꼭 다시 만나서 함께 라이딩을 할 거라고. 홀로 추위 속을 달리지 않을 거라고.

라트비아

에스토니아에서 라트비아로 넘어갈 때는 자동차들이 많이 다니는 메인도로를 버리고 마을길을 달렸어. 점점 더 조금 돌아가는 길이고 잘 포장된 도로가 아니더라도 조용한 시골길이 좋았어. 매연을 뿜으며 커다란 화물차들이 옆으로 쌔앵, 하고 달려가는 길이 아니라 맑은 공기를 마시며 시골길을 달리면서 내가 진짜로 여행을 하고 있다는 느낌을 받게 되기 때문이야. 비로소 라이딩의 맛을 알게 되었다고 할까?

큰길에서 벗어나 달리다보면 가끔씩 주인 없는 사과나무들이 열매를 달고 서 있곤 했어. 그럴 때면 자전거를 세우고 사과를 몇 개 따서 한입 베어 물고 몇 개는 가방에 챙겨 넣었지. 방금 나무에서 딴 사과는 아삭아삭한 식감에 정말 신선한 맛이야. 한국 마트에서 보는 사과의 절반 정도 크기지만 두 배는 너 단맛이 강해서 그야말로 꿀맛이라는 표현이 적당한 것 같아. 이상한 건 사과를 먹고 나면 그렇게 소화가 잘된다는 거지.

라트비아에서 처음으로 할로윈 문화를 경험했어. 카우치서핑에 연결돼서 호스트에게 선물할 작은 초콜릿 상자를 샀는데, 그날이 할로윈이라는 생각은 전혀 하지 못했지. 호스트의 집은 완전히 시골이었고 근처에는 다른 집들도 없었어. 호스트 부인은 저녁시간에 작년 할로윈에는 마을 아이들이 사탕을 받으러 왔는데 올해는 어떨지 모르겠다고 하셨지.

호스트 부부와 내가 조촐하게 할로윈을 즐기고 있을 때였어. 깜깜한 창밖에서 자동차 불빛이 비쳐들었지. 호스트 부인은 불을 끄고 촛불을 켰어. 내가 선물로 준 초콜릿을 몇 개 꺼내 작은 상자에 담고, 아이

들이 올라오기를 기다렸지. 자매로 보이는 여자 아이 둘이 할로윈 분장을 하고 사탕과 초콜릿을 받으러 왔더군. 부인은 초콜릿이 담긴 상자를 선물했지. 아이들은 내게도 시선을 돌리며 다른 선물을 기다리는 표정을 지었어. 부인이 내가 사탕을 준비하지 못했다고 말하자 아이들은 내게 밀가루를 뿌렸어. 난 영문도 모른 채 밀가루를 맞았지. 무방비상태에서 밀가루 세례를 받으니 기분이 좋지는 않더라구. 아니 사실 기분이 조금 나빴지만 뭐, 그게 관습이라는 걸 어쩔 거야. 어쨌든 할로윈 문화란 걸 몸소 체험할 수 있었는데, 내가 언제 또 외국에서 할로윈 축제 경험을 해보고 밀가루 세례를 받겠어.

다음날 아침 나는 호스트의 온 가족들과 함께 사진을 찍는 다음 자전거에 올랐어. 그런데 길을 떠나는 나를 쫓아서 주인집 개가 졸졸 따라오는 거야. 뭐, 마을 입구까지 나를 배웅하려는가보다 생각하고 그다지 신경을 쓰지 않는데, 개는 마을길을 통과해서 큰길로 접어들었는데도 계속해서 나를 따라 왔지. 멈췄다 다시 따라오기를 반복하면서 한 15킬로미터 정도는 달렸을 거야. 처음에는 기운이 넘쳐서 나를 추월해 장난을 치면서 앞서거니 뒤서거니 하더니 이제는 지쳤는지 제대로 뛰지도 못했어. 나 몰라라 내버려두고 그냥 갈 수는 없었지. 왜냐하면 내가 개를 버려두고 간다면 호스트의 집을 찾아갈 수가 없을 것 같았거든. 어쩔 수 없이 시냇가에서 물도 먹여가면서 개에게 속도를 맞춰 천천히 갔지.

더 이상 개를 데리고 가는 건 무리였어. 개 목걸이에 적힌 전화번호로 전화를 걸어 호스트 분들에게 알려야 할 것 같았어. 전화를 빌리고 간식으로 먹을 빵을 살 겸 해서 가게로 들어갔지. 빵을 사는 건 돈만 지불하면 되니까 아무런 문제가 없었어. 하지만 손짓 발짓을 해도 전

화를 빌리고 싶다는 의사를 전달할 수가 없는 거야. 어쩔 수 없이 가게
에서 나오려고 하는데, 뒤쪽에서 경적 소리가 들려왔어. 호스트의 차였
어. 호스트는 개가 종종 게스트를 따라서 나간다면서 개를 차에 태우
셨지.

　그러면서 한편으로는 아쉬운 마음이었어. 개와 동행으로 멋진 여행
이야기를 쓸 수 있었는데, 하는 마음 말이야. 물론 개가 집을 찾아가게
되어 너무나 다행이었지만 말이지.

　라트비아에서는 '눈'이라는 단어를 빼고는 기억나는 게 없는 것 같
아. 탈린에서 만났던 호주친구와 웜샤워 호스트의 집에서 다시 만날
수 있었는데, 그 친구는 눈 때문에 잔뜩 흥분해 있었어. 태어난 이후로
처음 하늘에서 내리는 눈을 보았으니 그럴 만도 하지 않을까 싶어. 신
기하고 예쁘고 매력적인 것들은 다들 낯선 것들이지. 그는 정말 행복
해 했어. 수도 없이 핸드폰 카메라의 셔터를 눌러댔지. 눈을 처음 보는
것도 황홀한데 눈 쌓인 세상을 자전거를 타고 들어왔으니 너무나도 신

선한 느낌이었을 거야.

　하지만 그때까지였지. 몇 시간이 지난 후, 호주친구는 "××! 이제 제발 그만 좀 내려라."라면서 욕설까지 내뱉기에 이르렀어. 그 친구는 눈을 '하늘이 내리는 재앙'이라고 기억하게 되었을 거야.

　눈이 내려 쌓이면서 모든 게 문제였어. 미끄러져 도로에서 넘어지는 건 물론이고, 손발이 시리고, 차가운 바람 때문에 목이 말랐어도 챙겨간 물이 얼어 마실 수도 없었지. 나중에는 사탕을 사서 목이 마르면 빨아먹으면서 찢어질 것 같던 목을 조금이나마 축일 수 있었지만 지옥이었어. 그래도 발을 싸매고 있는 비닐에 구멍이 뚫려 생기는 문제는 기술적인 진화를 했어. 정육점에서 족발을 랩으로 돌돌 감는 것처럼 발을 꽁꽁 싸맸더니 비닐봉지에 비해 양말이 젖는 걸 방지하고 훨씬 더 방한효과가 뛰어나더라는 거지. 말 그대로 진화인 거야. 사람이 멸종하지 않고 살아남은 건 다 이유가 있는 것 같아. 눈길 속에서도 나는 살아남아 여전히 영국을 향해 페달을 밟고 있으니 말이지.

리투아니아

리투아니아도 에스토니아, 라트비아와 다를 것은 없었어. 어김없이 눈이 왔지. 다행인건 '혼자가 아니라 함께' 라는 거야. 맞바람이 강하게 불어올 때마다 우리는 교대로 앞에서 바람을 막아주며 페달을 밟는 것으로 서로 의지했지. 동행.

하지만 눈과 추위에 지친 호주친구는 리가에서 버스를 타고 폴란드로 넘어가자고 했어. 나는 자전거를 고집했지. 내 고집에 두 손을 든 그 친구는 버스를 포기했지만 결국 내 덕에 고생을 더 하게 된 셈이지.

웜샤워 호스트가 우리를 구원해 줘서 따뜻한 잠자리와 저녁으로 배를 채울 수 있었어. 무엇보다 좋았던 건 따뜻한 잠자리보다 따뜻한 마음이 담긴 호스트의 마음이었어. 우리 부모님과 연세가 비슷하거나 조금 더 많아 보였던 호스트 부부는 하룻밤 사이에 나를 마치 한국의 집에 있는 듯한 마음을 느끼도록 해 주었지. 그분들은 우리가 묵기 전에 이미 많은 자전거 여행자들을 도와주었던 적이 있었고 그들 또한 내가 느꼈던 가족과도 같은 분위기를 느꼈던 것인지 거실문 한쪽에는 자전거 여행자들로부터 받은 엽서들이 잔뜩 걸려 있었어.

나도 뭔가를 선물하고 싶어서 폴라로이드로 다 함께 사진을 찍은 후 그분들에게 선물로 드렸어. 감사하다는 표현이기도 했지만 그보다 짧지만 함께 했었던 시간을 기억해 주셨으면 하는 바람이 묻어 있었지.

에스토니아, 라트비아에선 그 나라들의 전통음식을 먹어보지 못했지만 리투아니아에선 전통 과자인 샤코티스를 먹어봤어. 모양새가 좀 괴팍했는데, 화가 잔뜩 난 모양이라고 할까? 생긴 건 그래도 계란 노른

자를 주재료로 만들어서 그런지 정말 부드럽고 맛있어. 과자 끝 부분에 초콜릿이 묻어 있는 것도 있는데, 없는 것보다는 훨씬 낫지. 만드는 방법이 아주 독특해. 마치 통돼지 바비큐를 하듯이 불에 돌리면서 굽고, 반죽이 적당히 익으면 그 위에 또 반죽을 올려서 겹겹으로 만드는 거야. 리투아니아에만 있는 것 같아. 리투아니아에 갈 기회가 있다면 꼭 먹어보도록 해.

여행을 계획하면서 발틱 3국은 꼭 가보고 싶은 곳 중 하나였어. 그런 발틱 3국을 떠나면서 기억에 남는 건 '눈' 하나뿐이라니. 눈구름을 피하고 싶어서, 조금이라도 따뜻한 남쪽을 향해 죽어라 달리기만 했던 터라 이들 나라에 대해서는 제대로 느껴보지를 못해 아쉬웠어. 눈이 내리지 않는 여름에 다시 한 번 자전거를 탈 수 있는 기회가 내게 있을까?

원한다고 해서 모두 얻을 수 있는 건 아니지. 하지만 꿈을 버리지 않는다면 언젠가는 얻게 되는 날도 오게 되지 않을까? 발틱 3국을 내 꿈의 목록에 그대로 보관해 두는 것으로 아쉬움을 달랠 수밖에.

발틱 3국 자전거 여행 Tipps

여분의 튜브를 얻는 법

자전거 여행을 하면서 튜브 교체를 12번 정도 한 것 같다. 눈이 내리고 나서는 튜브를 교체할 때는 자전거 상점에 들어가서 했다. 밖은 너무 추우니까. 내 여분의 튜브로 교체를 마치고 나면 매번 사장님은 내게 추운데 고생한다며 튜브를 선물로 주셨다. 예비 튜브를 얻고 싶거든 추운 날, 누가 봐도 불쌍해 보이는 옷차림으로 자전거 여행을 하라. 그럼 안 주시는 사장님은 없을 것이다.

방한

말할 필요도 없다. 손은 무조건 두꺼운 스키 장갑을 구입하고, 발은 랩으로 최대한 감자. 히트텍을 위, 아래 모두 입고 운동용 타이즈를 한 벌 더 입도록 한다. 10월의 발틱은 정말 춥다. 이 정도 입으면 살 수 있겠지 싶을 정도로 입어야 한다.

실내에서 최대한 휴식을 갖자

물론 카페에 들어가면 적어도 음식이나 음료 하나는 시켜야 한다. 때문에 돈을 아끼기 위해 카페에 들어가지 않았다. 슈퍼마켓이 좋다. 장도 볼 수 있고 아무 눈치 보지 않고 따뜻한 곳에서 쉴 수 있다. 달리다 보면 손, 발이 깨질 것 같다. 러시아에서보다는 자주 쉬었다. 동상에 걸리지 않도록 쉬는 시간마다 운동을 하거나 손뼉을 치면서 혈액순환이 잘 되도록 해야 한다.

심카드는 사지 말자

세 나라를 다 합쳐도 주행거리가 400킬로미터도 되지 않는다. 카우치서핑, 웜샤워 혹은 호스텔과 같은 숙박할 수 있는 곳을 미리 알아보고 가면 심카드 없이도 세 나라를 충분히 지날 수 있다.

눈이여 이젠 안녕, 폴란드

멈출 수 없는 페달

폴란드로 들어가는 날은 날씨가 아주 좋았어. 하늘은 맑았고, 햇볕은 따뜻했고, 폴란드의 시골길은 평화로웠고, 날씨가 좋아 아무런 걱정 없이 달리다보니 자연스럽게 호주 친구와도 많은 이야기를 나눌 수도 있었지.

예약한 에어비앤비Airbnb에 도착했을 때는 마침 주인이 집을 비우고 있었어. 하는 수 없이 동네를 서성이고 있다가 우연히 주민 한 분을 만나 가까워졌는데 그분은 우리를 집으로 초대해 따뜻한 수프와 빵을 대접했어. 정말 친절한 분이었지. 자기 집에서 자고 가라고까지 하셨지.

어쨌든 그분 덕분에 오랫동안 말썽을 부렸던 자전거를 수리할 수 있었어. 오르막을 올라갈 때 종종 페달이 헛돌고 딸깍거리는 소리가 났는데, 호주 친구는 체인과 스프라켓을 갈아 끼우는 걸 추천했어. 보통 3,000~4,000킬로미터 정도를 타면 체인이 늘어나 스프라켓과 잘 물리지 않게 된다고 해. 그래서 보통 자전거용품 회사들은 그 정도를 타면 체인을 갈아 주는 걸 권장한다는 거지. 그런데 나는 그것도 모르고 계속 탔기 때문에 문제가 생긴 거였어. 무더운 여름과 눈이 내리는 추운 날씨까

지 겪은 터여서 체인
이 늘어나 페달에 조
금이라도 힘을 주면
헛돌게 되었던 거야.

결국 몸에 이상이
와서 이대로 계속해
서 라이딩을 하면 정
말 죽을 수도 있겠다는 생각까지 들었던 일이 생겼어. 아우구스토브
Augustow에서 비얄리스토브Bialystok까지 약 80킬로미터밖에 안 되는 구
간에서였어. 체인과 스프라켓을 바꾸고 달리다보니 전에 비해 자전거는
훨씬 더 잘 나갔지만, 날씨는 다시 안 좋아져서 최고 기온이 3도를 맴돌
았고, 점심시간 이후부터는 진눈깨비가 내리기 시작해 온몸이 흠뻑 젖었
고, 손이 얼어서 손가락이 움직이지 못할 정도였지. 브레이크를 잡으려
면 어깨를 당겨잡아야 했고, 발은 손보다 더 상태가 심각했어. 앞바퀴가
도로에 깔려 있는 눈을 튀겨 신발이 다 젖었기 때문이지. 또 앞바퀴에 튄
눈이 앞 기어에 달라붙어서 내가 사용하고 있던 2단 기어만 빼고 1단과
3단은 변속하지 못할 정도였어.

그래도 페달을 밟는 걸 멈출 수가 없었어. 멈춘다면 열심히 뛰고 있
는 심장에 시동이 꺼져 버릴 것 같지. 목적지 없이 시내로 들어서 큰
백화점 앞에 자전거를 팽개치다시피 하고 안으로 들어갔는데, 실내의
따뜻한 공기를 들이마시는 순간, 폐에 엄청난 통증이 느껴지면서 숨을
쉴 수가 없는 거야. 내 몸은 정상이 아니었지. 뭔가 조금만 더 잘못되면
쓰러질 것만 같았어. 호주 친구도 이성을 잃은 상태였지. 그는 장갑을
내던지며 욕을 해 댔어.

그래도 운이 좋게도 웜샤워 호스트의 부인과 연락이 닿게 돼 집 근처에 있다면서 지금 와도 된다는 연락을 받았어. 겨우겨우 추위를 참으며 그 집으로 갔더니 호스트 부인은 우리에게 집 문만 열어주고는 일을 보러 나가셨고, 나와 호주 친구는 히터 앞에서 쭈그려 앉아 몸을 녹이며, 생명을 이어갈 수 있었어.

그때의 고통이라니… 추운 겨울에 온몸이 얼었다가 바로 뜨거운 물로 샤워를 하면 느끼게 되는 고통의 백 배 정도라면 이해할 수 있으려나?

생명의 위협을 받고 난 뒤로는 이대로 계속해서 라이딩을 해서는 안 되겠다는 경각심을 느끼고 바르샤바Warsaw까지는 기차로 이동하기로 결정했어. 바르샤바는 아주 맑았고, 눈 한 톨내리지 않았지. 또 독립기념일 연휴여서 시내는 행사를 준비하느라 바삐 움직이고 있었어.

웜사워 호스트는 나에게 집을 맡기고 3일 동안 가족들을 방문하러 고향으로 돌아갔기 때문에 나는 근처에 있는 카페를 방문하곤 하면서 시간을 보냈어. 처음갔을 때는 동양인을 보고 신기해 보였던지 초등학생으로 보이는 아이들이 말을 걸고 장난을 치더군. 그리고는 당연히 폴란드 말로 내게 스모크, 스모크 하더니 내가 고개를 젓자 자기들끼리 카페 밖으로 나가 담배를 피우는 거야. 허걱!

바르샤바를 떠난 뒤로도 계속해서 웜샤워에 성공해 묵을 수 있었어. 호스트들은 모두들 친절하게 집으로 초대를 해 주셨고, 많은 관심을 보여주셨지.

웜샤워 호스트의 집에 머물면 좋은 점

일단 호스트들은 기본적으로 자전거를 타는 걸 좋아하고, 대부분 짧게라도 자전거 여행 경험이 있어. 그리고 여행 중에 웜샤워를 를 이용해본 호스트 분들도 계셔서 게스트의 마음을 잘 이해하고 계시지. 자전거 여행자가 하루 라이딩을 끝내고 필요로 하는 것, 따뜻한 물로 샤워를 하는 것, 그리고 허기를 달래 줄 음식, 피로를 풀어주고 다음날 달릴 수 있게 체력을 보충해 줄 따뜻한 잠자리. 이 세 가지면 충분하지.

저녁 식사를 하면서 자전거 여행이라는 공통점이 있어 서로 여행 이야기를 주고받으며 대화를 나누곤 했어. 단, 흥분해서 과하게 하지 않는 것이 좋아, 호스트들도 다음날 일을 해야 하고 여행자도 내일을 준비해야 되기 때문이지.

우쯔Lodz는 바르샤바에서 100킬로미터 정도 떨어진 곳에 있는 도시야. 우쯔에서 묵은 웜샤워 호스트는 내 또래의 필립Philip이었지. 아직 부모님과 함께 살고 있는데, 청소년 시절에 MTB 바이크 선수생활을 했고, 지금은 자전거 회사에서 일을 하고 있었어. 집 앞에는 나무가 울창한 공원이 있고, 거실에는 집을 따뜻하게 데워주는 벽난로가 있었지. 다이닝 룸에는 여러 종류의 식물들이 자라고 있었고 다이닝 룸 창문 너머로는 공원을 볼 수 있는 정말 근사한 집이었어.

은퇴를 하신 필립의 아버지는 맛있는 요리를 해 주시곤 했는데, 폴

란드식 얇은 팬케익 맛은 정말 잊을 수가 없을 것 같아. 얇은 팬케익 위에 리코타 치즈를 올려 둘둘 말아서 한 입 베어 먹으면 정말 꿀맛이야. 아침으로 먹으면 끝도 없이 들어가 정신을 차리고 보면 점심때가 될 정도였지.

기억에 남는 또 다른 음식은 비건 버거야. 일반적인 콩고기 패티가 들어 있는 버거도 있지만, 신기하게 호박 패티가 들어가 있는 것도 있었지. 호박 패티에 치즈 그리고 기본 수제 버거에 들어가는 채소들과 그 위에 살짝 뿌려주는 석류 몇 개. 한입 베어 물면 온 몸이 건강해지는 느낌이었어. 생각보다 호박 패티가 정말 맛이 있어. 만약에 폴란드 여행을 다시 하게 된다면 억지로라도 우쯔에 와서 비건 버거를 다시 한 번 먹고 싶다.

망가질 대로 망가져 있는 짐받이를 버리고 새로운 짐받이를 샀는데, 짐받이를 교체하는 김에 필립은 자기 사무실로 가서 내 자전거를 정비해 주었어. 내가 볼 때는 별 이상 없어 보였지만, 전문가의 눈에는 내 자전거가 오늘 내일 할 정도였던 것 같았나 보다. 필립은 페달이 잘 돌

아가도록 수리해 주고, 부품도 교체해 주고, 스포크도 다시 조정해 주었지.

브로츠와프Wroclaw는 바르샤바와 달리 고풍스러운 느낌이었어. 오랜 세월이 느껴지는 올드타운에서는 내가 도착한 주말부터 크리스마스 마켓이 개장을 했는데, 이곳저곳에 크리스마스 분위기를 내는 상품들이 놓여 있었고, 아이들이 즐길 거리와 공예품들 파는 노점상들도 만날 수 있었지. 가장 흔하게 볼 수 있는 건 따뜻한 크리스마스 와인을 판매하는 부스들이야. 나도 그곳에서 처음으로 크리스마스 와인을 마셔 봤는데 체리 향이 진한 게 특징이지. 추운 겨울에 저녁 유럽의 올드타운를 구경하며 마시기에는 굿!

브로츠와프 올드타운 이곳저곳엔 백설공주와 난쟁이에 나올 법한 크기의 난쟁이들도 숨어 있는데, 길모퉁이에서 작을 공을 굴리고 있거나, 창틀에 앉아서 휴식을 즐기고 있어. 하지만 그냥 큰 건물만 본다면 놓치기 십상이라는 거.

폴란드 자전거 여행 Tipps

심카드

폴란드는 EU에 속해 있는 국가지만, 폴란드 화폐를 사용하고 물가가 아주 저렴하다. 특히 심카드가 가격이 정말 저렴하다. 4G를 10GB 사용하는 데 우리나라 돈으로 1만원 살짝 넘거나 그 아래였던 걸로 기억한다. 데이터가 워낙 많이 남아 영상 통화를 켜 놓고 자전거를 탔던 기억이 난다.

랜턴

폴란드에서 자전거를 타려면 앞, 뒤에 꼭 랜턴을 달고 타야 된다고 한다. 지금까지 지나온 국가들 중에서 자전거를 탈 때 이런 법이 정해진 나라는 처음이었다. 물론 법으로 정해져 있지 않다고 해도 안전상 랜턴은 필요하다. 다행인 것은 지금까지 지나왔던 나라들 중에서 헬멧을 의무적으로 착용하라는 나라는 없었다.

스위스만큼이나 아름다운 체코

고요한 프라하에서

체코에서 달린 거리는 총 350킬로미터 정도, 자전거에 앉아서 보낸 날은 고작 3일이었어. 폴란드에서 체코로 들어가자 눈앞에 펼쳐지는 풍경은 마치 스위스와도 같았지. 스위스에 한 번도 가보지 않았지만 사진에서 자주 볼 수 있었던 그 스위스의 풍경과 거의 흡사한 거야. 산과 넓은 목초지 위에서 풀을 뜯고 있는 양들, 좁은 협곡들과 그 사이로 난 2차선 도로.

프라하Prague에서 필젠Pilsen으로 가는 길 또한 자연경관이 아주 매력적인 길이었어. 아름다운 자연경관을 찾아 사이드로만 달리다가 한 번은 길을 잃고 헤매기도 했지. 끔찍한 경험이었어. 시골길을 달리는 걸 좋아해서, 점점 더 사이드로 빠져서 달렸는데, 지도에서 내가 가는 길을 쭉 따라가다 보면 강을 건널 수 있다는 표시가 있기에 거기서 강을 건너, 필젠으로 가면 되겠다고 생각하고, 표시가 되어 있는 곳까지 달린 거야. 하지만 표시가 된 곳에 도착해보니 강을 건널 수 있는 다리가 있는 게 아니라 강을 오가는 작은 나룻배가 양쪽에 정박해 있더라구.

뱃사공은 보이지 않고, 나룻배만 덩그러니 놓여 있었지.

왔던 길을 다시 되돌아가는데 땅거미는 내려 앉아 랜턴을 키지 않으면 앞이 보이지 않았어. 운이 나쁘게 랜턴은 10분은 채 버티지 못하고 깜빡 거리더니 꺼져 버렸고, 가로등 하나 없는 오프로드여서 결국 한 손으로 핸드폰을 쥐고 달려야 했지. 안전 때문에 초 집중하며 필젠까지 달렸는데, 어딜 가나 백 미터마다 가로등이 서 있는 한국이 그리웠던 시간이었어. 빛이 있을 땐 아무렇지도 않은 작은 돌멩이도 빛이 사라지자, 큰 위험 요소로 변해 있었지. 몇 배는 더 집중하고, 조심해야 했어. 이번 경험을 통해 얻은 가장 큰 교훈은 해가 지기 전에 자전거 타기를 끝내기!!

프라하에서 일주일 동안 머물렀고, 그 중에서 4일은 아침에 러닝을 하면서 올드타운을 둘러보았어. 프라하는 전 세계에서 관광객들이 몰려드는 곳이잖아. 새벽을 제외하고는 올드타운 전역이 관광객들로 붐

벼서 프라하 관광 반, 관광객 관광 반을 할 수 있는 정도지.

하지만 이른 아침에 프라하 중앙역 근처에 위치한 호스텔에서 프라하 성까지 러닝을 하면 정말 고요한 프라하를 맛 볼 수 있어. 프라하 전체를 혼자서 느낄 수 있지. 그 유명한 카를교에도 사진작가 몇 명을 빼고는 한산했어. 하지만 러닝을 너무 과하게 하지는 마. 난 4일 동안 프라하 커다란 돌로 포장되어 있는 길을 뛰다 보니 나중엔 발바닥에 무리가 와서 잘 걷지도 못했어.

돈키호테와 브리다를 다 읽고 난 뒤로는 한글로 된 책을 구하지 못했는데 프라하에 한인 식당을 방문해 주인에게 양해를 구하고 다 본 책이 있으면 사고 싶다고 했더니 다음날 추운 날에 고생이 많다면서 무료로 책을 두 권이나 주셨어. 호스텔 소파에 앉아 『대화』란 책을 한 장씩 시간이 가는 줄 모르고 넘기다 보니 금방 다 읽어 버리게 됐어. 책에서 한국의 향기를 느낄 수 있어 금방 읽었는지도 몰라.

내가 프라하에 머물고 있는 동안 유로파리그 영국팀인 사우스햄튼이 원정을 왔어. 당연히 영국의 열성 축구 팬들도 프라하로 건너왔지. 팬들은 프라하 올드타운 식당 하나에 자리를 잡고 응원가를 릴레이로 끊임없이 불러댔는데, 그 순간만큼은 프라하의 어느 유명 관광지 못지않게 많은 사람들이 몰려들더군. 영국보다 몇 배는 싸고, 맛있는 체코 맥주가 그들의 흥을 한껏 북돋워주는 역할을 톡톡히 한 것 같아.

그런 관경을 보면 이런 생각을 해봤어. 열정적으로 팀을 응원하는 서포터즈와 축구를 정말 좋아하는 선수들 그리고 열정으로 가득한 팀에서 일하는 꿈. 그곳에 내 열정을 다 쏟아 붇고 싶은 그런 상상을 해봤어. 열정과 긍정의 마인드가 이끌어낼 시너지는 얼마나 클까? 아마 그 시너지는 아마 기적을 만들어낼 수 있을 거야.

체코 자전거 여행 Tipps

러닝 주의

유명 도시에 들어가서 며칠 동안 쉴 때면 아침 혹은 저녁으로 러닝을 하면서 도시를 관광한다. 체코 프라하에서는 조금 조심할 필요가 있다. 유럽 다른 도시들도 프라하처럼 길이 돌로 포장되어 있다. 하지만 프라하 같은 경우는 그 돌이 튀어 나온 정도가 다른 도시와 비교해 보았을 때 더 심한 것 같다. 한번은 러닝을 하다가 왼발 발바닥에 통증이 너무 심해서 제대로 걷지도 발을 펴지도 못했다.

너무 자연 속으로만 가지 말 것

체코를 달리다 보면 자연에 취해서 점점 아름다운 자연을 보려고, 또 자동차들을 피하려고 사이드 길로 빠지곤 한다. 물론 해가 떠 있을 때는 아무 문제가 되지 않지만 해가 지고 나면 아주 위험하다.

그동안 잘 있었니? 독일

고향 같은 뉘른베르크

뉘른베르크Nuremberg는 1년 반 만에 다시 찾아온 독일의 고향과도 같은 곳이야. 뉘른베르크로 들어가는 길은 나에게 너무나도 익숙한 곳이지. 내가 독일에서 살 때 항상 러닝을 하던 길이었거든. 그 길을 따라가다 습관적으로 내가 살았던 집 앞으로 갔어. 사실 내 옛 룸메이트인 크리스Chris에게 미리 연락을 하지 않아서 그냥 지나쳐갈 생각이었어. 그런데 마침 주방 바깥쪽 창문을 닦고 있던 크리스가 나를 보고는 "준!" 하고 외치더니 집으로 끌었지.

"와, 준! 네가 어떻게 여기에 있는 거지?"

크리스는 신기하기까지 하다고 했어. 그냥 어디선가 갑자기 튀어나온 사람처럼 내가, 소식도 없이 거기에 서 있었으니.

나는 독일에서 살 때 크리스에게도 자전거 여행에 대한 얘기를 어렴풋이 했던 걸로 기억해. 그땐 나도 진짜로 할 거라는 생각도 없이 그냥 막연한 계획이었지. 그랬던 만큼 크리스도 당연히 "아, 얘가 이상한 소리를 하는구나." 라고만 생각했다고 하더군. 그런데 추상적이고 농담 같았던 계획을 실행에 옮겨서 이렇게 나타난 거지. 크리스와 리나Lina

는 집에서 묵고 가라면서 필요한 게 있으면 알아서 사용하라면서 여분의 키를 주었어. 이런 친구들을 가지고 있다는 것에 정말 감사하며 살아야 할 것 같아. 며칠 더 머물고 싶었지만, 다른 친구 집에서도 묵기로 해서 하룻밤만 자고 나는 말테Malte의 집으로 옮겼어. 말테는 독일에 있는 동안 주말에 풋살을 하면서 만난 친구였지. 축구로 친해져서 제일 가깝게 지낸 친구 중 하나야. 말테에게도 자전거 여행에 대해 말을 했었는데, 그는 만약에 내가 자전거를 타고 독일까지 온다면, 함께 자전거를 타자고 호언장담을 했었지. 하지만 막상 내가 자전거를 타고 왔더니 이건 미친 짓이라면서 자기는 못하겠다고 오리발을 내밀었어. 뭐, 독일에서 함께 자전거를 타겠다는 약속은 지키지 않았지만 자기 집에서 지낼 수 있도록 해 주었지.

　말테는 여자 친구랑 같이 살고 있었는데, 그 역시 채식주의자가 되어 있었더군. 분명 일 년 전만 해도 나랑 같이 공원에서 바비큐 파티를 하면서 놀았는데 일 년 사이에 이렇게 변했을 줄이야. 다행히 고기만 끊었지 맥주를 끊지는 않았더라고. 정말 다행이야. 말테도 크리스도 고기를 먹지 않는데, 최근 들어 독일 젊은이들 사이에 유행인 것 같아. TV 프로그램에서 육고기에 대한 다큐멘터리가 나오면서 점점 바뀌고 있다고 린다가 말해 주었지. 그럼 채식을 하는 젊은이들이 많아지면,

독일 소시지는 누가 먹고, 누가 만드나? 독일이라고 하면 소시지인데 그것도 역사 속으로 사라지려나?

나는 인턴으로 일했던 치과기공소도 찾아갔어. 깜짝 방문으로 말이야. 안내데스크 직원인 페트라Petra는 나의 출현에도 그다지 놀라는 기색이 없었지만 스테판Stefan 소장님과 야로Yaro는 깜짝 놀라는 얼굴이었지. 내가 자전거를 타고 한국에서부터 여기까지 왔다고 하니까 흥분을 감추지 못하더라고. 스테판은 나를 점심식사에 초대해 주었고, 내가 추워 보였는지 따뜻한 옷을 사 주겠다며 나를 쇼핑센터로 데려갔어. 그리고 따뜻한 비니와 등산화를 사 주며 자기와 직원들의 선물이라면서 잊지 않고 찾아주어서 너무 고맙다고 했고, 그리고 꼭 내가 꿈을 이룰 수 있도록 기원한다며 말해 줬지. 이런 응원을 받을 때마다 반드시 내가 가진 꿈을 이뤄야 한다는 일종의 의무감이 들곤 하는데, 내가 꿈을 이루게 된다면 누구보다 더 축하를 해 줄 것이라는 걸 나는 알기 때문이야.

뉘른베르크는 유럽에서 가장 크고 오래된 크리스마스 마켓으로 유명해. 많은 관광객들이 겨울 시즌에 이곳을 찾는 이유 중 하나이기도 하지. 마켓에는 독일에서 정말 유명한 뉘른베르크 진저쿠키도 맛볼 수 있어. 독일에서는 크리스마스 때 진저쿠키를 선물로 주는 게 일종의 문화인데, 그중에서도 역사가 오래된 뉘른베르크 진저쿠키를 선물하면 더욱 좋아한대. 마켓은 낮보다 저녁에 가는 걸 추천해. 먹을 것 말고도 볼 것 즐길 것들이 더 많거든. 성당에서는 무대를 따로 설치해서 크리스마스 분위기에 알맞은 연주도 해 주고, 한쪽에는 몇몇 다른 나라들은 어떻게 크리스마스를 보내는지, 크리스마스 때 어떤 음식을 먹는지에 대해 알 수 있는 공간도 마련해 두고 있어.

카우프바이른Kaufbeuren에서 이틀을 지내면서 퓌센에 있는 노이슈반
슈타인 성을 다녀왔어. 50킬로미터 정도여서 빡빡하게 하루 코스 정도
지. 다행인 건 자전거 도로가 아주 잘 되어 있다는 거야. 물, 간식거리,
사진을 찍을 보드 판만 가방에 넣고 퓌센Fussen을 향해 달렸는데, 퓌센
에는 노이슈반슈타인 성 말고도 2개의 다른 성이 더 있어. 하나는 노이
슈반슈타인 성 근처에 있는 로헨슈완가우 성이고 나머지 하나는 올드
타운에 위치한 호해스 성이지. 각각의 성마다 풍기는 느낌, 생김새, 색
깔이 달라.

노이슈반슈타인 성은 흰색에 뾰족하게 하늘을 향해 치솟아 있고, 제
일 유명해. 디즈니랜드를 만들 때 참고했다고 하거든. 로헨슈완가우
성은 노란색의 사각형 모양인데 색깔 때문인지 근엄한 느낌은 없고 여
성적인 느낌이 강했지. 마지막 호해스 성은 멀리서 보았을 땐 빨간색
을 띠고 있고, 다른 지역에서도 쉽게 볼 수 있는 그런 외양을 하고 있
어. 첫 번째 성과 두 번째 성이 왕과 왕비 혹은 지휘가 높은 사람들이
지내는 곳이라면, 마지막은 올드타운에 위치한 지방 군주들을 위한 성
처럼 보였지.

퓌센으로 가는 길에서 처음으로 사고가 나서 크게 다쳤는데, 차에
부딪친 교통사고 같은 건 아니고 내리막길을 내려가다가 미끄러져 넘
어졌지. 아침 일찍 라이딩을 하면 새벽에 내린 서리 때문에 도로가 살
짝 얼어 있어서 미끄럽거든. 자전거에서 짐들을 내려놓으니 뒷바퀴 쪽
이 가벼워 미끄러지는 걸 막아주지 주지 못한 거야. 최대한 안전하게
라이딩을 한다고 했음에도 끝내 사고가 생긴 거지.

내리막 끝에서 오른쪽으로 핸들을 돌리는 순간 앞바퀴는 오른쪽으
로 꺾였는데. 뒷바퀴가 따라오지 못하고 바닥에 그대로 미끄러져 건
물 벽에 부딪히고 땅에 머리를 두 번 박은 후 꼬꾸라져 몇 초 동안 정신

을 잃었던 거야. 정신을 차리고 보니 집 주인이 나와서 괜찮은지 묻더군. 어깨와 허벅지 부분의 옷이 찢어지고, 피가 조금 났을 뿐 그나마 겨울이라서 옷을 두껍게 입었던 탓에 큰 부상으로 이어지지 않았다는 게 정말 다행이었지. 이른 아침엔 조심 또 조심 하면서 타야 할 것 같아.

다시 만난 인연

어차피 네덜란드로 올라가야 하는데 굳이 독일의 최남단까지 내려왔어. 시간도 돈도 더 들었지만 이곳까지 온 이유가 있지.

몽골에서 달릴 때였어. 아침에 많은 캠핑카 무리들을 본 적이 있었지. 계속 달리고 있는데, 길 건너 캠핑카 앞에서 손을 흔드는 아주머니

가 보이는 거야. 무슨 도움이 필요한가 싶어 아주머니 쪽으로 갔어. 알고 보니 자전거로 용감하게 여행하는 나를 응원해 주기 위해서였던 거야. 그렇게 무슈Musch 부부를 처음 만났더랬지. 그들은 캠핑카 여행사가 만든 프로그램에 참가해서 유라시아를 여행하시는 중이었어. 독일 남부에서 출발해서 체코, 폴란드, 발틱 3국을 거쳐 러시아, 몽골, 중국까지 간 다음 중국에서 부터 실크로드를 타고 다시 유럽으로 돌아가는 일정이라고 하셨지.

그분은 독일에 도착하면 꼭 자기 집에서 지내고 가라면서 나를 초대해 주셨어. 내가 도로 위에서 받았던 첫 초대였지. 첫 번째로 받은 초대인데 거절할 수는 없었고, 어떻게든 꼭 방문해야 하는 거지. 이게 내가 최남단까지 내려온 이유야. 2,843킬로미터의 몽골에서 무슈Musch 부부를 만났고, 열심히 12,370킬로미터를 더 달려 총 15,213킬로미터를 찍은 독일에서 다시 만날 수 있게 된 거야.

무슈 부부의 집은 언덕 위에 있었어. 1층은 남자 형제들이 지내던 곳이고 2층은 거실과 주방, 3층은 부부와 딸의 방이 있는 구조로 되어 있었지. 정말 멋진 건 2층 거실 통유리 밖으로 보이는 알프스 산의 풍경이야. 창밖으로 멋진 풍경화가 펼쳐져 있는 아름다운 집.

나는 그곳에서 지내는 동안 알프스산 트레킹도 해보았지만, 릴레이로 하루 내내 먹는 것으로 시간을 보내기도 했어. 늦잠을 자고 일어나서 아저씨가 해 주신 슈투트가르트 전통요리를 먹고, 오후에는 아주머니가 간식으로 애플파이를 저녁식사로는 내가 '참치볶음밥'을 만들어서 먹었지. 요리하는 시간이 아닐 때는 거실 소파에 앉아서 알프스산을 보며 멍 때리기도 했고, 책을 읽기도 했어. 우리 집 같은 포근함이 느껴졌고, 진짜 우리 집이었으면 좋겠다는 생각이 들었지.

자전거를 타고 여러 사람을 만나 이야기를 나누면서 학교에서 글로 배웠던 것들을 삶에서 체험해보고 학교에서 배울 수 없었던 것도 하나 둘씩 배우고 있어. 보덴 호수를 지나면서 들렀던 웜샤워 호스트인 기티Gitti와 마틴Martin 부부에게서도 정말 많은 것을 배웠지. 특히 남편인 마틴Martin 씨는 굉장히 깊은 인상을 풍기는 분이었어. 그 역시 자전거여행을 하셨던 분이야. 대학에서 학생들을 가르치는 일을 하시는데, 30년이 넘은 자동차를 가지고 계셨지만 자전거로 출퇴근을 하기 때문에 굳이 새 차가 필요 없다고 하셨지.

그분은 학생을 가르치는 본업보다 더멋진 일을 하고 계셨는데, 그건 버려지고 더 이상 쓸 수 없는 자전거를 구해다가 지하 작업실에서 다시 수리를 해서 난민들에게 무료로 기증해 주시고 만약 고장이 나면 다시 고쳐 주시는 일을 하신다는 거야. 난민에게 자전거를 선물해 주면 난민들은 교통비를 절약할 수 있을 거란 생각에 시작한 일이라고 하셨지.

저녁식사를 하고 있을 때 초인종 소리가 들리자 마틴은 아마 난민 아이가 왔을 거라고 하셨어. 난민이 집에 찾아 왔다는 말을 들었을 땐 농담으로 하시는 말씀인줄 알았는데 진짜로 초등학생으로 보이는 두

명의 아이가 집에 찾아 왔어. 기티 부인은 아이들을 나에게 인사시키고 오늘은 손님이 있다며 아이들을 돌려보냈는데, 알고 보니 부부는 저녁 식사 후 난민 가족의 아이들을 자기 집으로 초대해 학교 숙제를 도와주거나 독일어를 가르쳐 주고, 필요하면 용돈까지 주는 일을 하시고 계신 거였지. 뉴스에서 난민으로 갈등을 격고 있는 유럽에 대해 많이 들었는데 그 문제의 중심인 난민 아이들이 내 눈앞에 나타났고, 그들을 기꺼이 도와주는 사람들이 있는 걸 내 눈으로 보는 순간 가슴이 찡해졌어.

그 부부의 또 다른 특이한 점은 자녀들이 모두 독립해서 나가고, 50이 넘은 나이에 결혼을 했다는 점이야. 유럽에서는 동거생활을 많이 하고 그에 대한 장단점이 많다고 들었는데, 동거로 30년 넘게 생활하신 분들을 만나 보니 이런 생각이 들었어. 즉 단점, 장점이라는 것도 사람 하기 나름이고 사람들이 사랑하기 나름이라는 거 말이야. 어떻게 하느냐에 따라 단점을 지혜롭게 만들지 않고 장점을 잘 활용해서 살아가다 보면 긴 세월을 같이 살 수 있다는 걸 간접적으로 느낄 수 있었지.

마지막으로 호스트와 헤어지면서 마틴에게 전해 주고 싶은 말은 "당신의 생각은 언제나 옳아요." 이 한 문장이었어.

크리스마스가 다가오면서 윔샤워를 구하는 게 점점 더 어려워 졌어. 유럽의 크리스마스는 우리나라의 명절 같은 개념이라서 고향으로 돌아가 가족과 고향 친구들과 크리스마스를 함께 보내지. 만약에 내가 윔샤워를 구해서 크리스마스를 같이 보내게 된다면, 마치 설날이나 추석 때 온 가족이 다 모였는데 손님으로 외국인이 와서 지내는 것과 마찬가지인 거지. 너무 이상하게 보이고 예의 없는 것 같잖아. 그래서 크리스마스 연휴 때는 프라이부르크Freiburg에 있는 호스텔에서 보낼 계

획을 가지고 있었는데, 크리스마스 연휴가 시작하기 전전날 홀하임
Horheim이라는 시골마을에서 웜샤워 호스트를 구해 하룻밤을 지낼 수
있었어. 호스트인 알렉스Alex는 나보다 2살 많은 영어 선생님이었는데
크리스마스 때는 고향으로 간다면서 지낼 곳이 없으면 자기 집에서 묵
으라고 해 준 덕분에 공짜로 크리스마스를 보낼 곳을 구할 수 있었지.
알렉스는 영어를 가르치는 선생님인데도 한 번도 영국이나 미국과 같
은 영어를 모국어로 사용하는 나라를 여행한 적이 없었는데. 독일에서
살고, 대학에서 영어를 배웠으면 한 번쯤은 가볼 법 한데 말이지. 내년
여름에는 영국으로 연수를 가는데 처음 가는 거라면서 설렌다고 하더

군. 정말 재밌는 친구야. 기타도 잘 치고, 흥도 많고, 농담 없이는 절대 말을 안 하지. 또 축구를 아주 좋아했어. 바이에른 뮌헨 팬이지. 바이에른 뮌헨 경기를 보기 위해서는 친구 집으로 가야만 했는데, 그 친구 집에 큰 텔레비전도 있고 1년 계약으로 축구 경기를 볼 수 있는 채널도 확보하고 있어서 편하게 볼 수 있기 때문이었어. 사실은 전 남자 친구가 스포츠를 좋아해서 스포츠 채널을 볼 수 있게 1년 계약을 했는데 몇 주 전에 헤어졌기 때문이었지. 알렉스는 우리에겐 좋은 소식이라며 그 친구와 함께 마실 맥주 몇 병만 들고 가면 언제든지 축구를 볼 수 있다며 좋아했어.

알렉스가 일하는 시간을 알면 정말 놀랄 거야. 한국에서 절대 일어
날 수 없는 일이지. 수업이 있는 화, 목, 금요일에만 출근을 하고, 목요
일에도 11시가 첫 수업이어서 10시에 출근을 해. 부럽기도 하면서 한
편으론 항상 바쁘게 일하고, 직장에서 보내는 시간이 많은 한국에서
자란 나로서는 너무나도 신기하고 가능한 일인가 싶기도 했어.

새해는 프랑크푸르트Frankfurt의 로버트Robert네 집에서 맞았어. 로버
트는 중국 베이징 호스텔에서 만났던 친구인데, 독일에서 자전거로 여
행 중이라고 하니까 자기 집으로 초대해 주었지. 로버트의 부모님은

노르웨이로 휴가를 가셨고, 그 틈에 로버트는 친구들을 불러 새해 파티를 준비한 거야. 난 운 좋게 그 시기에 로버트의 집에 머물게 돼 독일 친구들의 파티를 즐길 수 있었던 거지. 영화나 외국 드라마를 보면 나오는 외국 집에서 하는 생일 파티, 새해 파티를 보면서 '나도 그런 파티에 초대받으면 좋겠다.'라고 생각하곤 했는데, 프랑크푸르트에서 경험해볼 줄이야. 스낵, 음료, 쿠키, 맥주 그밖에 다른 종류의 술들을 늘어놓고 2017년을 맞이할 준비를 했어. 풍선을 불어 거실을 장식하고, 집주인인 로버트는 칠리 콘 카르네로 파티에 올 사람들의 저녁을 준비했어. 영화에서 본 그대로야. 노래를 크게 틀어 놓고, 게임도 하고, 맥주

를 마시며 놀았지.

1월 1일로 넘어가기 전, 우리는 준비해 놓은 폭죽을 가지고 마을버스 정류소로 나와 폭죽을 터트리며 새해를 맞이했어. 몇 주 전에 베를린 크리스마스 마켓에서 테러가 일어나서 독일 큰 도시의 새해맞이 불꽃놀이 행사를 자제시키거나, 철저하게 경계하면서 테러를 대비하고 있는데, 이 친구들이 불꽃놀이 하는 걸 보면 마치 테러가 일어난 것처럼 위험해 보이고 어수선했어.

그럼에도 그 친구들은 그런 분위기에 굴하지 않고 새해맞이를 신나게 즐겼는데, 자동차가 다니는 도로에 폭죽을 던지고, 정신없이 폭죽을 막 터트리는 것 같은 거였지. 놀 땐 정말 미쳐서 노는 이 친구들은 딱 내 스타일이야. 다음날에는 전날 폭죽을 터트린 곳으로 가서 쓰레기를 치우고 다 같이 집안 청소도 했어. 이런 모습이 독일인의 모습이지 않을까 싶다.

벌써 2016년의 마지막 날이 다가오고 2017년의 1월 1일을 맞이하는 때가 왔어. 내가 자전거에 올라 달렸던 시간도 반년이 지났다는 의미이기도 하지. 지난 반년 동안 많은 사람들을 만나고 그들과 이야기하면서 그들이 사는 세상은 어떤지 나도 모르는 사이에 배운 것 같아.

그들이 사는 세상은 한국과 어떻게 같고 다른지, 내가 자라면서 겪은 경험과 비슷한 걱정거리, 고민을 가지고 사는지 궁금했거든. 그동안 여행을 하면서 만난 많은 사람들은 나와 같이 의식주에 대한 걱정, 고민 그리고 사회에 대한 불만, 기득권층에 대한 불만들을 가지고 살고 있어. 그러면서도 각자의 분수에 맞게 살고 있지. 더도 덜도 말고 딱 자기가 할 수 있는 범위 내에서 그렇게 각자 행복하게 사는 법을 찾아내 살아가고 있는 것 같았어.

독일 자전거 여행 Tipps

_____ 보온병

독일까지 달려오면서 가장 힘들었던 점은 목이 말라도 물을 마실 수 없다는 점이다. 챙겨 온 물이 얼거나 너무 차가워서 마시기 어려웠다. 그나마 머리를 굴려 캔디를 사서 목을 축이곤 했다. 웜샤워 호스트가 사용하지 않는 보온병을 선물해 주셔서 모든 것이 해결되었다. 날이 추울 땐 꼭 작은 보온병을 소지하길 바란다. 따뜻한 물 한 모금이 몸을 금방 녹여 준다.

_____ 아침 주행

폴란드 바르샤바에서 눈구름은 따돌렸지만, 추위가 가신 건 아니다. 날씨는 겨울의 중심을 향해 가고 있다. 아침이면 자전거 도로 위에 저녁 내내 내린 서리들이 얼어 있다. 생각보다 상당히 미끄럽다. 조심스럽게 운전하지 않으면 미끄러지기 십상이다.

_____ 금방 찾아오는 저녁

해가 떠 있는 시간이 채 9시간도 되지 않는다. 러시아에서 12시간씩 자전거를 탔을 때와 비교해보면 해가 정말 짧아졌다. 그만큼 자전거를 타는 거리도 줄여야 되고, 아침에 일찍 떠나야 해가 저물기 시작할 때 숙소에 도착할 수 있다. 100킬로미터가 가장 적당한 거리인 것 같다.

_____ 라인강

겨울이 오고 독일도 당연히 눈이 내린다. 독일에서 눈구름을 하루 정도 만났지만 하루 만에 눈구름을 피할 수 있었다. 라인강을 따라 달리면 된다. 라인강은 강물의 온도가 항상 0도 이상을 유지해 주고 많은 선박들이 다니는 덕분에 라인강 주변은 다른 지역보다 따뜻해 눈을 보기 힘들다고 한다. 라인강을 따라 달릴 땐, 비는 맞아본 적은 있어도 눈을 맞은 기억은 없다.

유라시아 대륙의 마지막 나라, 네덜란드

자전거의 나라

　네덜란드가 다른 나라들과 눈에 띄게 다른 점은 자전거야. 자전거도로가 정말 잘 깔려 있고, 자전거를 타는 사람들도 많아. 자전거를 타는 다른 사람들과 함께 신호등을 기다린 게 처음이어서 조금 낯설었지. 특히 아침 출근시간에 앞, 뒤로 자전거를 탄 학생, 직장인, 남녀노소, 너나 할 것 없이 자전거로 출근해서 자전거 도로가 붐벼. 아침에 아인트호벤의 중앙역을 지날 때는 진짜 충격을 먹었지. 눈을 의심할 정도로 자전거가 많았어. 자전거를 주차할 곳이 없거나, 약간 늦어 보이는 사람들은 대충 자전거를 던져두고 기차를 타러 가는 거야. 과연 그 많은 자전거들 사이에서 자기 자전거를 찾을 수 있을지 궁금해졌는데, 우스개로 네덜란드의 자전거가 인구수보다 많다고 하는데

그게 사실일 수도 있을 것 같았지.

그렇게 자전거를 많이 타고 다니는 네덜란드인데, 한 가지 이상하다고 느껴지는 게 있었어. 네덜란드의 첫 번째 도시 루르몬트Roermond에서 58킬로미터 떨어진 아인트호벤Eindhoven까지 가야 했는데, 독일 자전거도로 같은 경우에는 그 정도 거리고 큰 도시면 자전거도로 표지판에 '아인트호벤'이라고 표시를 해 두는데 네덜란드는 그런 게 없다는 거야. 독일과 인접해 있지만, 자전거도로 시스템은 완전히 다른 거지.

한참을 헤매다가 지나가는 사람들에게 길을 물어 보고, 또 자전거를 타고 지나가는 한 분에게 아인트호벤으로 가고 싶은데 길을 좀 알려줄 수 있는지 부탁을 하자 모두들 나를 이상한 사람을 보듯 똑같은 대답을 했어.

"아인트호벤까지는 너무 멀어서 자전거로 갈 수 없어. 기차역에 가서 자전거를 싣고 가야 돼."

자전거를 기차에 싣고 가라는 말에 하루에도 100여 킬로미터를 타 왔던 나는 살짝 자존심이 구겨졌고 뭔가 앞뒤가 맞지 않는다는 느낌이 들었어. 왜냐하면 그렇게 자전거를 많이 타는 사람들이라면 50킬로미터 정도면 자전거로 오갈 법도 한데, 너무나도 당연하다는 듯이 기차를 타고 가라고 말하는 게 모순되는 느낌이 들었던 거야. 나는 하는 수 없이 자전거도로로 가는 건 포기하고 자동차들과 같이 아인트호벤을 향해 달려갔지.

네덜란드에 가면 꼭 가볼 곳, 바로 동네에서 쉽게 찾아 볼 수 있는 스낵바야. 스낵바를 들어선 순간 우리나라의 분식집에 들어선 것 같은 느낌이었어. 몇몇 종류들은 우리나라 분식집에서도 볼 수 있을 법한 음식들도 있지. 감자튀김은 특별하지는 않지만 소스가 아주 특별해. 5

가지 종류에 다른 소스를 선택할 수 있지. 케첩, 마요네즈, 머스타드, 땅콩버터, 샤워크림 소스.

그 중에 땅콩버터 소스를 추천받아 찍어 먹었어. 퍽퍽하지 않고, 조금 달달하면서 약간 사과 맛 같은 상큼함까지 갖춘 소스야. 거기에 감자튀김과 환상적인 조화. 엄청나게 칼로리가 높을 것 같지만 일단, 맛있어.

네덜란드라고 하면 먼저 생각하는 건 튤립과 풍차일 거야. 바람이 엄청 많이 부는 네덜란드에서 풍차는 기후에 잘 맞는 좋은 동력에너지인 것은 확실하지. 도시와 시골을 가릴 것 없이 꼭 하나 이상의 풍차가 있고, 특히 바닷가 근처로 갈수록 풍차를 자주 볼 수 있었어.

좋은 기회가 되어 풍차 내부를 구경할 수 있었는데, 나무로 된 크고 작은 톱니바퀴들이 서로 잘 물려 한 몸처럼 돌아가고 있었지. 바람으

로 얻은 동력으로 큰 절구를 움직여 밀을 빻아 밀가루를 만드는데, 갓 빻은 따뜻한 밀가루 냄새와 오래된 나무 냄새가 뒤섞여 풍차 안을 가득 메우고 있었어.

네덜란드에서는 PSV와 페예노르트구단 훈련장을 방문했어. 우연히 지나가다가 PSV 훈련장과 휴게실을 둘러보고 왔는데, 유소년에서부터 성인 1군 팀까지 모두 한 훈련장에서 연습을 해. 그날은 1군 훈련은 없었고, 유소년들 훈련만 있었는데, 지금까지 몇몇 훈련장을 보지는 못했지만 그래도 그중에서 단연 최고시설의 훈련장이었던 것 같아. 이런 곳에서 일하면 정말 행복하게 일할 수 있겠다는 느낌이 들 정도로 매력이 있었지.

헌신의 상징 카윗과 만나다

다른 구단인 페예노르트 훈련장은 내가 중고등학교 시절 리버풀에서 뛰었던 '카윗Kuyt'이라는 선수를 만나기 위해서였어. 내 기억속의 카윗은 팀을 위해 헌신적으로 성실하게 뛰는 선수여서 꼭 만나보고 싶었지. 페예노르트 선수들은 훈련장에 미니버스를 타고 들어가 연습을 해. 첫 번째 훈련장을 방문한 날은 미니버스가 훈련장 어느 입구로 들어가는지 몰라 선수들이 훈련장으로 들어가는 걸 보지 못했고, 훈련이 끝나고 나오는 것만 볼 수 있었어. 두 번째 날은 미니버스가 출입하는 입구도 알게 돼서 좀 더 적극적으로 어필을 해야겠다는 생각에 리버풀 깃발도 쉽게 볼 수 있게 자전거에 걸고, 화이트보드에 "KUYT"이라고

적어 입구 앞에 서 있었지
만 두 번째 날도 별 소득 없
이 돌아올 수밖에 없었어.

다음날 또 갔어. 두 번
째 날과 같은 위치에 똑같
은 깃발을 자전거에 두고,
화이트보드를 들고 기다
렸지. 신호를 받고, 선수
단을 태운 첫 번째 미니버
스가 내 앞을 지나갔어.
미니버스에 타고 있던 선
수들은 3일째 찾아온 같

은 사람인걸 알아차렸는지 버스 유리를 주먹으로 치고, 창문을 열어
휘파람을 불어주었지. 두 번째 버스가 뒤따라 지나갈 때는 첫 번째 미
니버스에서보다 더 크게 버스를 치면서 환호를 해 주었어. 내가 어린
시절 되고 싶었던 축구 선수들 그리고 지금 하고 싶어 하는 축구코치
들이 나를 향해 큰 환호를 보내 주니 마음이 뭉클하고 울컥했어. 말로
설명하기 어려운 벅찬 감동.

카윗은 훈련이 끝난 뒤 따로 만나 이야기를 나누고 사진을 찍을 수
있었어. 함께 폴라로이드 사진을 찍은 뒤 사진 뒷면에 내 이름을 적어
줬지. 언젠가 다시 만나게 되면 나를 기억해 주려나?

쉥겐 지역에서 보낼 수 있는 90일을 꽉 채우고 로테르담Rotterdam에
서 입스위치로 가는 저녁 배에 몸을 실었어. 드디어 마지막 나라에 들
어가게 돼. 푹 자고 일어나면 "Good morning"이라는 인사를 듣겠지?

네덜란드 자전거 여행 Tipps

새로운 지도 익히기
네덜란드도 독일과 같이 자전거도로가 아주 잘 만들어져 있다. 하지만 독일과는 다른 자전거도로 시스템이다. 독일에서는 가까운 도시를 표지판에 적어 놓지만 네덜란드는 자전거도로 번호를 적어 놓는다. 자전거도로는 따라가다 보면 지도가 나오긴 하지만 그렇게 도움이 되지 않으므로 핸드폰 지도앱을 따라가는 것을 추천한다.

자전거 트래픽 잼
자전거가 네덜란드 인구수보다 많다는 농담이 있다. 내가 겪은 바로는 그건 농담이 아닌 것 같다. 자전거 도로에는 수많은 자전거들이 오간다. 특히 아침 출근시간이나 퇴근시간이 되면 자전거 수는 기하급수적으로 늘어난다. 좁은 자전거도로에 많은 자전거가 있는 만큼 교통질서를 잘 준수해야 된다. 함부로 추월해서는 안 되고 과속을 하면 위험하다.

자전거 지키는 방법
자전거가 많은 만큼 자전거 도둑들도 많다고 한다. 저녁에 트럭을 가지고 와서 자물쇠가 채워져 있지 않은 자전거를 트럭에 실어 훔쳐간다고 한다. 그러니 어딜 가나 꼭 자물쇠를 잠가놓고 다니라고 했다. 이 말은 내가 지금까지 지나온 10개 나라를 지날 때마다 그 나라 사람들이 했던 말과 유사하다. 우리나라는 사람들이 못 돼서 자전거를 잘 훔쳐가니 항상 자물쇠로 묶어 놓으라는 경고였다. 혼자서 다니는 나는 둘이 여행하는 사람들보다 자전거를 도둑맞을 위험이 더 크지만, 쇼핑을 하러 마트에 갈 때는 항상 마트 문 앞에 자물쇠를 걸지 않은 채로 간다. 단 한 번도 내 자전거에 손을 댄 사람은 없었다. 내 생각엔 훔쳐가기엔 너무 무거워서 사람들이 손을 안 댄 것 같다.

내 여행의 목적지, 영국

Good morning, Welcome to UK

드디어 영국에 도착했어. 지금까지 달렸던 나라들과는 달리 왼쪽으로 주행해야 한다는 게 크게 다른 점이야. 신호등이 많이 없고, 로터리가 많지. 로터리를 돌 때도 시계 방향으로 돌아. 영국을 들어오기 전까지의 나라에선 영어가 모국어가 아니기 때문에 실력이 나와 비슷하다고 생각해서 과감하게 말을 했는데 여긴 영어를 모국어로 사용하는 영국이야. 어디를 가나 영어를 사용해 편하긴 하지만 긴 이야기를 하기 시작하면 살짝 위축되었지.

입스위치Ipswich에 도착한 시간은 새벽 6시, 영국의 첫 번째 웜샤워 호스트의 집은 80킬로미터 떨어져 있는 말돈Maldon이란 작은 마을에 있었어. 새벽 공기는 정말 차가웠지. 배에서 내릴 때 안내방송에선 영하 5도라고 했어. 해가 뜨고, 기온이 좀 더 올라가게 되면 라이딩을 하고 싶었지만 그동안 기다릴 마땅한 장소를 찾지 못해 근처 도시인 콜체스터Colchester를 향해 최대한 빨리 달렸어. 그리곤 카페에서 따뜻한 음료로 몸을 녹이고, 근처 핸드폰가게에서 심카드도 사고, 말돈으로 갔지.

말돈에서 호스트에게 연락을 하자 뒷문으로 들어갈 수 있다면서 집에 들어가 있으라고 했어. 매너를 중요하게 생각하는 영국인데 주인없는 집을 들어 갈 수는 없었지.

호스트의 집에서 언덕을 내려오면 작은 항구가 있고 거기엔 바지선 7척이 정박해 있었어. 벤치에 앉아 영국 시골풍경을 감상하며 호스트가 올 때까지 기다렸지. 호스트가 집에 도착했다는 문자를 받고, 자전거를 끌고 언덕을 올라가려는데 오른쪽 무릎이 다시 아파 왔어. 움직이지 못할 만큼 유럽에서 달릴 때도 가끔씩 아팠었지. 무릎 보호대를 차고 달리니 조금 괜찮아졌는데, 다시 악화된 거였어. 호스트 스테파니Stephanie가 병원을 예약해줘서 병원에서 진료와, 마사지를 받을 수 있었는데, 의사 선생님은 되도록 빨리 여행을 끝내고 쉬라고 조언해 주셨지.

영국에 오기 전 원래 계획은 영국 해안선을 따라서 돌면서 축구 훈련장을 방문하는 거였어. 구글링을 해서 1~4부 리그까지 트레이닝 장소를 다 체크해 놨는데, 무릎 때문에 하루 빨리 여행을 끝내야 될 것 같아. 리버풀까지 최단경로로 가는 계획을 새로 세웠어. 아쉽기보단 일단 빨리 여행을 끝내야겠다는 생각밖에 들지 않았지.

복잡한 런던 중심가로 들어가는 대신 북 런던을 통해 옥스포드Oxford, 워릭Warwick, 스토크Stoke-on-Trent, 체스터Chester를 거쳐 리버풀Liverpool로 들어갔어.

북 런던에서 옥스퍼드까지는 운하 옆으로 난 샛길을 따라 달렸는데, 오프로드이지만 차가 없고, 사람들도 적어서 달리기에는 편했어. 그리고 새로운 풍경을 볼 수 있었지. 운하엔 긴 배들이 정박해 있는데 겉보기엔 영락없는 보통 배야. 하지만 그 안엔 사람들이 살고 있어. 배에 거실도 있고, 방이 두 개, 화장실, 주방까지 모두 갖추어져 있지. 친구들 말로는 런던 템즈강 위에도 이런 하우스 배들이 많이 있다고 해. 왜 그런지 물었더니 런던의 집값보다 배 값이 더 저렴해서 그렇다고 하더군.

　옥스퍼드에서 묵은 웜샤워 호스트는 옥스퍼드대학에서 공부하는 분이었고, 같이 사는 친구들 모두 옥스퍼드대 학생이었어. 나도 학생 시절에는 서울대, 고려대, 연세대 등 소위 말해서, 공부를 잘 해야 들어갈 수 있는 대학에 다니는 사람들을 동경했지. 그들은 나와는 다른 부류의 사람들이고, 그들만의 리그에 속한 사람들이라고 생각했어. 교류할 수 없는 대상이라 생각한 거지. 하지만 옥스퍼드에 다니는 친구 집에서 지내면서 그런 생각이 사라졌어. 낮에는 각자 일을 하고, 저녁엔 같이 실내 암벽등반이나, 작은 펍에서 재즈 콘서트를 보며 함께 놀았지. 예전엔 동경의 대상들이었던 사람들과 함께 놀고, 마시고, 즐기며 지냈던 거야. 학력에 대해 생각하지 않고 인간 대 인간으로 만났을 때 아

무 허물없이 지낼 수 있는 거야. 예전엔 내가 스스로 벽을 만들고 있지 않았나 싶어. 졸업한 학교 등급에 맞춰 사람을 만나는 게 아닌데 말이야. 그 친구들은 내 자전거 여행을 부러워했어. 나도 그들의 두뇌를 부러워한다고 말해 줬지.

드디어 리버풀!

자전거 여행 경로는 대부분 웜샤워 호스트가 구해지는 곳에 따라 정해져. 워릭Warwick도 호스트로 인해 찾아간 도시 중 하나야. 도시 입구에 처음 진입했는데 눈앞에 펼쳐진 것은 푸른 잔디와 나무가 서 있는 공원이었어. 공원을 지나 강을 건너자 근엄한 성이 언덕 위에서 이 도

시를 내려다보고 있더군. 워릭은 작은 도시지만 도시에는 '오래됨'이라
는 시간적 향수를 느낄 수 있었어. 이곳저곳 소소하게 볼거리들이 있
고, 산책할 수 있는 길들이 많아서 좋았지.

호스트는 재규어 회사에 다니는 전문 엔지니어였어. 7년 정도 근무
하셨는데, 조만간 일을 그만두고 브리스톨Bristol로 가서 농사를 지을
거라고 하셨지. 분명 농사짓는 게 회사를 다니는 것보다 더 힘들고 수
입도 적겠지만, 좋은 농산물을 길러내고 싶다는 그분의 가치관은 존중
받을 만한 것 같아.

이제 최종 목적지인 리버풀Liverpool 멜우드에 가까워지기 시작했어.
멜우드에 도착해서 '울면 어쩌지'라는 괜한 걱정을 가끔 했었는데, 이
제 정말 끝이 다가온 거지. 멜우드에 낮 시간에 도착해 멋진 사진을 찍

고 싶어. 리버풀 근교의 도시인 체스터Chester에서 묵은 뒤에 들어갈 계획을 세웠어. 운이 좋게도 웜샤워에도 성공했지. 호스트는 사이먼Simon이었어. 정년퇴임을 하시고 취미 생활로 지역 사회에 이슈가 될 만한 일들을 지역 신문사나 라디오에 기고하시는 일을 하시고, 여름엔 '텐덤 자전거'로 아내와 함께 여행을 하신다고 했지.

저녁식사를 하는 중에 그분은 내게 어떻게 이런 긴 여행을 시작하게 되었는지를 물어 보셨어. 이런 질문은 수도 없이 들어서 항상 대답하던 레파토리대로 말했어. 축구선수 출신도 아니고, 축구를 가르쳐 본 경험도 없는 내가 축구코치가 되고 싶어서 여행을 하면서 여러 감독이나 코치를 만나 조언을 듣고 싶어서 여행을 시작했고, 내가 좋아하는 팀인 리버풀을 최종 목적지로 정했다고. 사이먼은 내 이야기를 듣고는 흥미롭다면서 식사를 한 후에 간단한 인터뷰를 하자고 했어. 인터뷰는 기본적인 질문으로만 이루어졌지. 나이, 어디에서 왔고, 자전거 여행을 하는 데 얼마나 걸렸으며, 몇 개 나라를 달렸는지 정도? 혹시 모를 상

황을 대비해 내 전화번호도 알려드렸어.

드디어 리버풀로 들어가는 날이었어. 체스터Chester와 리버풀 사이에 머지 강이 있고, 그 강을 건너려면 배를 타고 건너야 해. 사이몬은 그 배를 타고 체스터와 리버풀을 오가는 게 오랜 전통이라고 했지.

배에 자전거를 싣고 강을 건너 리버풀에 도착했는데, 군에서 전역을 하고 영국 배낭여행을 하면서 리버풀에 일주일 동안 머물렀던 기억을 통해 어렴풋이 멜우드로 가는 길이 생각이 났어. 기억을 따라 자전거를 몰았지. 먼저 안필드(리버풀 경기장)를 들러 사진만 한 장 찍은 다음에 곧장 멜우드로 달렸어. 드디어 여행에 마침표를 찍는 곳에 도착한 거야.

멜우드 훈련장 입구에 있는 리버풀 로고 앞에서 지금까지 나와 함께 달려준 짐들을 정렬해 놓고 태극기를 들고 사진을 찍었어. 벅찬 감동이나 울컥하는 감정보다는 이제 쉴 수 있겠구나 라는 생각이 먼저 들었어.

호스텔로 가는 길에 BBC에서 연락이 왔어. 사이몬이 기고한 사연이 'Northwest BBC'에서 관심을 보여 내게 전화가 온 거야. 다음날 영상 촬영을 약속했고, BBC와 영상 촬영 후 뉴스에 나오는 행운을 얻었던 거지.

　나는 235일 1,7190킬로미터를 달리는 동안 학교에서 배울 수 없었던 많은 것들을 배웠어. 사람에게 먼저 다가가는 법, 그 사람들을 믿는 법, 사람이 살아가는 방법, 자연을 사랑하는 법, 도움을 받는 법, 감사하는 법, 또다시 도전하는 법, 끝까지 할 수 있을 거라 믿는 법 그리고 가장 중요한 응원을 받는 법, 서로를 인정하고 응원하는 법을 배웠지. 맨 처음 인천에서 출발할 때, 시베리아에서, 유럽 곳곳에서 만나 나를 응원해 주신 분들, 차를 멈춰 세워 악수를 건넨 분들, 응원의 경적을 울려 주신 분들, 힘들고 정말 자전거에 오르기 싫을 때마다 항상 이런 분들을 생각하면서 힘을 얻었고, 미소를 지으며 다시 달릴 수 있었어. 항상 전화로 위로와 격려를 해 준 부모님, 친구들, 형들에게 정말 고맙다고 사랑한다고 말하고 싶어.

　그리고 마지막으로 운동을 좋아했던 나 자신에게 정말 감사했어. 운동을 통해 어디를 가나 쉽게 친해질 수 있었고, 더 가까워 질 수 있었지. 나는 나 자신을 수고했다고 위로했고, 다음 모험을 기약했어.

영국 자전거 여행 Tipps

왼쪽 주행

전 세계에서 왼쪽 주행을 하는 대표적인 나라인 영국. 자동차와 같이 달리려면 자전거
또한 왼쪽 주행을 해야 된다. 오른쪽 도로에서 달렸던 때 자동차가 오는 것을 확인하기
위해서 왼쪽으로 고개를 돌려 확인을 했지만, 이번에 고개를 오른쪽으로 돌려 확인해야
된다. 처음에는 어색하지만 점차 익숙해진다. 신호등보다 로터리가 많다. 로터리를 지날
때는 항상 자신이 가는 방향을 손으로 표시해 주고, 먼저 도는 차량을 보내주고 내 차례
가 돌아 왔을 때 지나가야 한다.

좁은 도로

주로 2차선 도로에 상행선과 하행선 사이에 가드레인이 없다. 주로 자동차도로의 노란
색 선 바깥에서 자전거를 주행했는데. 영국은 도로가 좁아 자동차도로 노란색 선 안에
서 달렸다. 자동차와 함께 달리는 그만큼 뒤에서 오는 차량을 주의해야 한다.

운하

영국에는 도시와 도시를 이어주는 운하가 발달했다. 자연과 함께 달리고 싶을 때 운하를
타면 된다. 풍경도 좋고 사람도 없어 좋지만, 도로 사정이 썩 좋지만은 않다. 영국의 겨
울은 모두가 알고 있는 것처럼 비가 많이 내리고 흐린 날이 많으며 우울한 풍경이다.
운하 옆길은 아스팔트가 아닌 흙길이다. 날씨 탓인지 공기가 건조하지 않아 흙은 진흙으
로 변해 있고 진흙들은 내 자전거를 빈티지로 만들어 놓는다. 쉴 때는 어김없이 바퀴에
붙어 있는 진흙을 떼어내야 한다. 자전거 전체가 너무 더러워 졌을 때는 자전거를 운하
에 집어넣어 세차를 해야 한다.

종이 맵

날씨가 추워지면서 스마트폰 배터리가 급격하게 빨리 닳는다. 특히 핸드폰 거치대에 두
고 타면 몇 시간도 채 되지 않아 방전돼 지도를 볼 수 없다. 이런 문제점을 극복하기 위
해 찾아낸 방법은 목적지에 도착할 때까지 지나치는 모든 마을이나 도시를 작은 종이에
적어 놓고 하나하나 체크하면서 가는 방법이다. 생각보다 유용하고, 편리하다. 핸드폰
지도를 켜서 내 위치를 확인하는 것보다 시간이 짧게 걸려 라이딩에 더 집중 할 수 있다.

카약

캬라반

카약을 타고 다뉴브 강을 종주하다

카약 여행의 시작

길동무 용준이

　영국에서 6개월간 머물던 나는 이제 한국으로 돌아가야 할 시간이 되었음을 느끼게 되었다. 자전거를 타고 서쪽으로 왔으니 이제는 다시 동쪽으로 되돌아가야 한다. 나는 무언가 특별한 모험을 하고 싶었고, 내 몸이 가지고 있는 힘만으로 최대한 동쪽으로 가고 싶었다. 그래서 생각해 낸 것은 다뉴브강 카약 종주였다.

　카약 여행을 생각하고 있을 때, 캐나다에서 어학연수 중이던 죽마고우 용준이도 관심을 보여 함께 하기로 결정했다. '카약.' 나는 물론이고 용준이도 카약은 생소한 스포츠였다. 대충 어떤 것인지, 어떻게 타는 것인지 눈으로만 보아 알고만 있었을 뿐 한 번도 타보지 않은 채로 우리는 여행을 결정했다.

　여행 계획은 아주 간단했다. 독일에서 발원하는 다뉴브강에 카약을 띄우고, 강물을 따라 흑해까지 가는 것. 이게 우리가 세운 계획이자 이동경로였다. 숙박은 텐트를 사서 강변에서 야영을 할 것이고, 식료품은 자전거 여행 때와 같이 야영하기 전에 마을에 들러 식재료를 사서 그날 저녁과 다음날 아침을 해 먹고, 점심은 전날 사 놓은 군것질 거리로 해결하기로 했다.

이런 계획을 세운 우리는 여행을 시작하기 한 달 전 용준이는 캐나다에서 카약을 빌려서 연습을 했고, 나도 친구에게 카약을 빌려 연습을 시작했다. 처음 카약을 탔을 때는 중심을 잡는 게 어려웠고 앞으로 똑바로 가는 것조차 힘들었다. 제자리에서 뱅뱅 돌기만 하고, 작은 파도에도 카약이 계속 출렁거려 처음 한두 번 탔을 때는 멀미가 나서 채 15분도 타지 못하고 나왔다. 실제로 카약 여행을 하는 동안 만약 이렇게 출렁거리고, 뱅뱅 돌아 멀미가 심해진다면 과연 다뉴브강을 종주할 수 있을지 의문이 들었다. 하지만 친구의 도움을 받아 계속 연습을 하다 보니 차츰 실력이 늘었고, 나중에는 혼자서 멀리까지 갔다 올 정도의 실력을 만들었다.

자전거 여행을 할 때는 미처 하지 못했던 스폰서를 구해 여행을 해보고 싶었다. 스폰을 받아 경제적으로나 물질적으로 큰 도움을 받으면 좋겠지만, 우리로서는 큰 무언가를 받는 것보단, 제안서가 성공적으로 받아 들어져, 스폰서와 함께 여행을 한다는 뿌듯함과 책임감을 가지고 여행을 하고 싶었다. 하지만 우리가 너무 큰 꿈을 꾸고 있었던 걸까? 회사들이 우리 마음을 알아주지 못해서였던 걸까? 액티비티의 상징 레드 불 스티커와 모험, 자연의 아이콘 내셔널 지오그래픽 티 한 장 정도를 원했지만 원하는 대로 되지 않았다. 레드 불에서는 우리의 모험을 응원하지만 유명인에게만 스폰을 해 준다며 거절했고, 내셔널 지오그래픽에서는 회신조차 오지 않았다. 한국에서가 아닌 외국에서 그리고 갑작스럽게 계획된 여행이라는 점을 고려해 볼 때, 스폰서를 구하는 건 쉽지 않다는 게 우리의 현실이었다.

나와 용준이는 종주 시작을 일주일을 남겨두고 독일 뉘른베르크 Nuremberg에서 만났고, 말테Malte의 도움으로 중고 카약을 비롯해 저렴하게 구할 수 있는 카약에 대해 알아보기 시작했다. 한 카약은 가격은 우리가 생각하는 것과 맞았지만 주문을 받은 뒤에야 제작을 시작하기 때문에 2주일 이상 걸려서 포기하고 다른 카약을 알아보았다. 먼저 봤던 카약보단 비쌌지만 3~4일 내에 배송이 완료된다고 해 미리 연락을 해놓은 울름Ulm 카약 캠핑장으로 배송을 요청했다. 우리도 뉘른베르크를 떠나 울름으로 가서 우리의 안식처가 되어 줄 텐트를 구입하고, 3일 동안 여행 준비와 새 집 적응을 마쳤다.

준비물

카약, 노, 구명조끼, 국기, 텐트, 침낭, 에어 매트, 에어 베개, 망치, 톱, 노트북, 카메라, 액션 카메라, 핸드폰, 보조배터리, 운동화, 슬리퍼, 모자, 장갑, 전기 테이프, 운동화, 운동복 상하 2벌, 속옷, 세면용품

독일의 다뉴브강

다뉴브강에 카약을 띄우다

첫날 우리는 25킬로미터를 탔다. 며칠 간 지내면서 정들었던 울름을 떠난다. 다뉴브강은 울름의 올드타운과 뉴타운을 경계 짓는 사이를 통과한다. 카약을 타고 가는 방향으로 오른쪽에는 현대식 건물들이 즐비하게 서 있고, 왼쪽으로는 고풍스러운 건물들과 성벽 그리고 그 뒤

로 하늘 높이 솟아 있는 성당이 보인다. 얼마 지나지 않아 우리는 울름의 중심부를 빠져 나왔고, 주택들이 많이 보이는 거주지역으로 들어섰다. 그 후로는 공원과 숲이 이어져 있다. 몇몇 사람들이 강을 따라 펼쳐진 숲에서 조깅을 하거나 자전거를 타는 모습이 보였다. 이게 독일만의 색깔이지 않을까 싶다. 자연 가까이에서 살고 자연과 함께 살아가려 하는 것.

울름을 완전히 빠져나오자 우리 눈앞에 보이는 첫 번째 관문은 '댐'이었다. 갑작스레 나타나는 댐. 이 댐만 지나면 되겠지, 라는 생각에 카약을 들고 옮겼다.

아침에 캠핑장에서부터 강까지 카약을 들고 내려올 때도 무거워서 끙끙거리며 내려왔었는데, 그 무거운 카약을 들고 채 1시간도 지나지 않아 다시 한 번 들게 될 줄은 꿈에도 몰랐다.

400미터 정도 되어 보이는 거리를 카약을 들고 옮겨 다시 강에 띄웠다. 다시 노를 저었고, 머지않아 우리 눈앞에 보인 것은 다름 아닌 새로운 댐이다. 그렇게 우리는 첫날인 오늘만 총 5번의 댐을 지나면서, 합해서 100킬로그램이 넘어가는 두 개의 카약을 손으로 들고 옮겼다. 어제 저녁 용준이와 나는 오늘 첫날이니깐 무리하지 말고 50킬로미터 정도만 타자고 했는데, 그 절반인 25킬로미터를 달리고 퍼져 버렸다.

우리는 강가에 있는 캠핑장을 발견하자마자 노를 멈추고 잔디 그늘에 대자로 누워 한동안 체력을 보충했다. 그리고 생각보다 에너지가 많이 필요한 카약 여행을 위해 단 음식들을 찾아 슈퍼마켓으로 향했다. 쇼핑을 하고 돌아오는 길에는 케밥을 사 먹었는데 무슨 맛인지도 모르고 내일 다시 노를 젓기 위한 힘을 얻기 위해 먹었다.

캠핑장에 돌아오니 25명 정도의 학생들이 텐트를 치고, 저녁 준비를 하고 있었다. 학교에서 하는 여름 캠프로 큰 카누에 12명씩 타고 다뉴브강을 여행한다는 것이다. 다뉴브강을 따라 여행하며 정해진 장소에서 캠핑하고, 다 같이 밥도 해 먹고 하면서 자립심과 협동심을 기르는 프로그램 같아 보였다. 이 프로그램이 잘 짜여 있다고 생각 되는 이유는 우리처럼 극한을 체험하지 않게 하루에 15킬로미터 정도만 타도록 프로그램을 만들었다는 것이다. 극한은 자신 원할 때 얼마든지 할 수 있다. 다만 자신이 원해야 하고 끝까지 할 수 있다는 용기가 있어야 한다.

저녁에 누워서 진지하게 용준이와 카약을 다시 팔고 다른 방법으로 흑해까지 가는 건 어떨까 하고 진지하게 고민했다.

댐을 열 수 있어 한시름 놓은 2일차

6시 30분, 새벽에 새 울음소리와 보슬보슬 내리는 빗소리에 잠을 깼다. 보통은 비가 내리는 소리, '투두둑' 비가 지붕을 때리는 소리를 정말 좋아하는데 오늘 만큼은 아니다. 시간이 지날수록 비는 점점 굵어지고 있다. 용준이는 아직 자고 있고, 우린 오전 내내 텐트에 갇혀 있을 것 같다. 오늘 도나우월스Donauworth까지 가기로 했는데 가능할지 모르겠다. 비가 그쳐서 텐트를 정리한 후에 카누 여행을 하는 학생들의 프로그램을 주최하고 도와주시는 분과 이야기를 나눴다. 어제 댐을 5개나 지나면서 카약을 들어서 옮기느라 정말 힘들었다고 하자 그분은 댐을 여는 방법을 가르쳐 주었다. 부모님께서 항상 말씀하시던 "모르면 몸이 고생한다."라는 말이 100% 이해되는 순간이었다. 우리는 어제 아무것도 모르고 있었고 그로 인해 온

몸이 녹초가 되었던 것이다. 그 후로 첫 번째 댐에 도착해서 알려주신 대로 해보려고 했는데 알려주신 것과는 전혀 다른 시스템이었다. 스포츠용 배들이 댐을 지나갈 수 있도록 만들어 놓았다는 정보를 알게 되었으니 들어서 옮기지 않고 댐을 통과해 지나가고 싶었다. 마침 강가에서 자전거를 타고 지나가고 있는 독일 가족을 붙잡아 도움을 청했고, 그분들이 자세히 설명서를 읽으신 뒤 어떻게 댐을 여는지 가르쳐주셨다. 그 뒤로 4개의 댐은 우리가 직접 열어서 지나갔다.

큰 도시인 울름을 지나고 나서는 지루하기 짝이 없다. 여기가 다뉴브강인지, 섬진강인지, 낙동강인지 별 차이를 못 느끼게 하는 풍경이다. 여행을 시작하기 전에는 다뉴브강의 상류에서부터 출발하는 것이어서 산과 계곡 그리고 멋진 숲속에서 노를 젓게 될 거라고 생각했지만 현실은 달랐다. 어쩌면 섬진강이 더 예쁘다는 생각이 들었다.

해가 저물고 9시가 넘어서 캠핑장에 도착을 했다. 캠핑장 주인은 퇴

근하셨고, 캠핑을 하는 몇몇 분들만 보였을 뿐 다들 잠자리에 들었는
지 조용했다. 우린 시끄럽지 않게 신속히 텐트를 치고, 샤워하고, 빨래
를 하고, 라면으로 저녁을 해결했다. 정말 힘든 하루였다. 12시간 동안
52킬로미터 정도를 카약에 앉아 노를 저었다.

　자전거 여행하면서 카약을 타는 사람들을 종종 보곤 했을 때는 가만
히 의자에 앉아 노를 젓는 모습이 평화로워 보였고 쉽게 보였었다. 더
구나 상류에서 하류로 강물의 흐름을 따라 내려가는 것이어서 카약을
강물에 띄워놓기만 하면 저절로 잘 흘러갈 수 있을 생각했었다. 하지
만 예상과는 정반대다. 댐으로 인해 물의 흐름이 거의 없고 댐 근처에
가면 노를 젓는 게 더 힘들어진다.

　몸을 혹사하는 자전거 여행을 경험해본 터여서 이번 여행만큼은 조
금 덜 힘들고, 편하게 하고 싶었는데, 그건 사치스러운 생각에 불과했
던 것 같다.

마음을 내려놓기

어제 저녁부터 내리기 시작한 비가 아침 9시가 넘도록 그치지 않고 있다. 이틀 연속으로 아침에 비가 내린다. 혹시나 하는 마음에 핸드폰으로 일기예보를 확인하는데 며칠 동안은 오늘과 같은 날씨가 계속될 거라고 한다. 아침까지 내린 비 덕분에 어제보다 더 늦게 출발을 했다. 오늘도 50킬로미터를 넘게 타야 목저지에 도착할 수 있었던 우리는 시간을 최대한 아껴보자는 생각에 아침 겸 점심을 먹고 카약에 몸을 실었다.

어제 무리해서 탄 탓에 팔에 15킬로그램 정도의 모래주머니를 매달고 있는 것처럼 몸이 무겁고 쑤시고 아프다.

이제 댐을 여는 데는 고수가 되었다. 지나가는 독일인들도 신기한 듯 가던 길을 멈추고, 동양인 둘이 댐을 열고 지나가는 모습을 지켜본다. 그리고 댐을 열고 두 대의 카약이 댐을 통과하는 모습을 보고는 우리가 마치 멋진 공연을 끝마치기라도 한 것처럼 박수갈채를 보내준다. 나는 박수와 칭찬에 약해서 별 것도 아니지만 박수를 받고 나면 왠지 큰일이라도 해낸 것 마냥 뿌듯해져 보란 듯이 열심히 노를 젓고 싶어진다. 하지만 마음만 그러할 뿐이다. 몸이 따라 가질 못한다.

20킬로미터 정도를 쉬지 않고 탄 후에 용준이와 진지하게 점프에 대해 이야기를 했다. 한 번도 카약을 타본 적이 없었던 우리는 계획만 거창하게 세웠을 뿐이었다. 하루에 60~70킬로미터 많으면 100킬로미터 씩 카약을 타면서 강에 있는 시간을 아껴 큰 도시에 도착하면 관광도

하고 놀면서 여행하자고 계획을 짰었다. 어제는 12시간 동안 카약을 탔지만 고작 52킬로미터를 달렸을 뿐이었다. 어제처럼 죽기 살기로 타도 정해진 기간 내에 여행을 끝내지 못할 거란 결론이 났다. 우리는 결국 점프를 한 번 하기로 결정했다.

하루에 50킬로미터 이상은 타야 한다는 생각을 버렸다. 마음을 내려놓고 노를 젓다가 뉴이 부르그Neuburg에 캠핑장에 멈추었다. 오늘 아침 캠핑장에서 보

앉던 15개월 된 콘스탄티Konstantie를 데리고 자전거 여행을 하는 젊은 싱글 맘 실비에Silvie를 다시 만났다. 혼자서 자전거 여행을 한다는 것만으로도 힘들 텐데 어린 아이를 데리고 여행하는 건 상상하는 것만으로도 힘들다. 아이가 울기라도 하면 가던 길을 멈추고 아이를 달래야 하고, 혼자 밥을 먹을 수도, 씻을 수도 없다. 두 배 아니 몇 배 이상 할 일이 많아지고 신경 쓸 일들이 많아진다. 그런데도 벌써 일주일째 자전거 여행을 하고 있는 중이라고 한다. 콘스탄티는 정말 멋진 엄마를 만난 것 같다. 캠핑장에서는 가족 단위로 자전거 여행을 하는 가족들을 종종 보는데 부럽다는 생각이 들곤 한다.

　뉴이부르그는 새로운 성이라는 의미다. 성은 언덕 위에서 다뉴브강을 내려다보며 서 있다. 성의 중심부엔 어느 도시나 그렇듯이 성당이 하나 있고 그 앞으로 일주일에 몇 번씩은 장이 열릴 것 같은 광장이 있

으며, 그 광장 주위에는 노천카페, 레스토랑들이 자리를 잡고 있다. 우리가 산책을 할 때는 시장과 카페, 가게들의 문이 모두 닫혀 있었고, 저물어 가는 햇볕에 성당과 광장이 붉게 물들어가고 있었다. 카약에서 조금 일찍 내리는 것으로 이런 여유를 즐길 수 있다니, 너무 좋다.

자동차 지붕에 카약을 싣고

우리는 잉골슈타트Ingolstadt까지 카약을 타고 간 후에 자동차를 렌트해 파사우Passau까지 점프할 계획을 세웠다. 15킬로미터 정도 떨어진 잉골슈타트에는 생각보다 일찍 도착했고, 렌트한 차에 카약을 싣고 묶었다. 고속도로를 달리는 내내 카약이 다른 차에 닿으면 어떻게 하나, 떨어지기라도 하면 어쩌나 내내 걱정스러웠다. 그래도 우리는 무사히 파사우Passau를 향해 달려갔고, 가끔씩 내려다보이는 다뉴브강은 점점 강폭이 넓어졌다.

파사우에 도착한 우리는 카약을 강에 띄우기 적당한 곳과, 우리가 차에서 하룻밤을 머물 수 있는 장소를 물색했다. 그리고 마침내 이 두 개의 조건이 가장 잘 맞는 파사우대학교 주차장에 차를 세웠다.

파사우대학교는 다뉴브강 바로 옆에 있어서 아침에 카약을 띄우기도 쉬웠고, 대학교 화장실을 이용할 수 있어서 자동차에서 하룻밤을 보내기에는 아주 편리했다.

정해놓은 기간 내에 여행을 끝내기 위해서는 그만큼 사전에 정보를 수집하고 세심하게 계획을 짰어야 했지만 우리의 계획은 좀 엉성했던 것 같다. 그 결과로 점프를 할 수밖에 없었던 것이다.

독일 카약 여행 Tipps

댐을 여는 방법

다뉴브강은 독일 남서부에 위치한 슈바르츠발트Schwarzwald에서 시작된다. 울름보다 더 상류에서 시작하는 여행자들도 있지만 많은 카약 여행자들은 보통 울름에서 출발한다.

원자력 발전소를 사용하지 않는 독일은 수력, 풍력, 태양력 등을 통해 전기를 생산하는데, 다뉴브강은 수력발전에 가장 적합한 강이다. 강 중간 중간에 댐을 설치해 전기를 생산하는데, 댐과 댐 사이에 가장 짧은 거리는 5킬로미터 정도였다. 그러므로 하루에도 4번 이상 댐을 지나야 한다.

첫날은 댐을 열지 못해 카약을 들고 옮겼지만 둘째 날부터는 댐을 열어 편히 댐을 지나갈 수 있었다.

1) 사람이 카약에서 내려 댐의 문을 여는 스위치가 있는 곳으로 간다.
2) 레버는 보통 중간쯤에 있는데, 이 레버를 뒤쪽(댐의 뒷문 쪽)으로 돌리고 그 위에 위치한 초록색 버튼을 누르면 댐에 물이 차올라 상류의 물 높이와 같아지도록 해준다.
3) 레버는 그대로 두고 다시 한 번 초록색 버튼을 뒷문이 완전히 열릴 때까지 눌러 준다.
4) 뒷문이 열리면 카약을 타고 있는 한 사람이 카약을 가지고 댐 안으로 들어온다.
5) 카약이 댐 안에 안전하게 들어오면, 레버를 앞쪽(댐의 앞문 쪽)으로 돌린 후 초록색 버튼을 뒷문이 완전히 닫힐 때까지 눌러 준다.
6) 뒷문이 완전히 닫히고 다시 초록색 버튼을 눌러 주면 물이 빠져나가 강의 하류 쪽에 있는 물의 높이와 같게 만들어 준다.
7) 물이 다 빠져나가 더 이상 물이 빠져나가지 않으면 레버는 앞쪽으로 그대로 위치시킨 후 다시 한 번 초록색 버튼을 앞문이 완전히 다 열릴 때까지 눌러 준다.
8) 문이 열리고 카약이 댐에서 나가면 레버를 처음과 같은 가운데로 돌려놓는다. 댐의 문을 열고 지나가는 데는 보통 20분 정도가 소요된다.

독일 카누협회(Deutscher Kanu-Verband)

독일 카누협회는 다뉴브강이 지나는 모든 도시에 캠핑장을 가지고 있다. 캠핑장은 저렴한 경비로 캠핑을 할 수 있으며 폰툰이 있어 카약을 쉽게 육지로 올릴 수 있다.

여행을 시작하기 전에 다뉴브강을 일주한 경험을 가지고 있는 독일인에게 몇 가지 조언을 받았는데, 그분은 독일 카누협회에 연락을 하면 일정 부분에 도움을 줄 것이라고 했다. 처음엔 그냥 카누를 타는 협회 정도로 생각을 했고 우리와 별다른 관계가 없을 것 같아 연락을 해보지 않았다. 하지만 독일에서 카약을 타는 동안 매번 카누협회 캠핑장에서 캠핑을 하다 보니 먼저 컨택을 했었더라면 좋았을 거라고 후회가 됐다. 만약 다뉴브강을 일주할 계획이라면 카누협회에 연락을 취해보라고 권하고 싶다.

다뉴브의 수도 오스트리아

이제야 여행할 맛이 나는군

차에서 처음 숙박을 했다. 매우 만족스러웠다. 아무리 비가 내려도 걱정 없이 지붕 위로 떨어지는 빗소리를 즐기면 된다. 또한 바닥에서 한기가 올라오지 않아 따뜻했다.

우리는 등교하는 학생들을 피하기 위해 이른 아침에 일어나 대학 화장실에서 간단하게 씻고, 차를 반납한 후 다시 다뉴브강으로 들어갔다.

파사우는 다뉴브강을 포함해 3개의 강이 만나는 곳이다. 상류보다 수심이 깊고 강폭이 넓어져 오스트리아로 흘러들어 간다. 파사우 주변을 둘러보는 작은 관광보트들부터 다뉴브강을 일주하는 크루즈까지 독일의 상류 다뉴브강에 비해 매우 혼잡하다.

강에서 바라보는 파사우의 풍경은 경이롭다. 두 강이 Y자 모양으로 만나는 꼭지점 부분에는 공원이 있고, 그 공원을 따라 양쪽 강변으로는 노천카페들과 레스토랑이 줄지어 들어서 다뉴브강을 바라보며 여유를 즐기는 사람들이 많다. 공원 뒤로는 올드타운의 건물들이 보이고, 그 중심부에는 높이 솟구친 성당이 멋진 자태를 드러내고 있으며,

성당 너머 언덕 위로 견고한 성이 위엄을 뽐내며 올드타운을 내려다본
다. 얼떨결에 지나게 되었지만 파사우는 이곳에서만 느낄 수 있는 말
로 표현하기 어려운 독특한 매력을 품고 있는 도시라는 생각이 들었다.

이제는 카약 여행도 맛이 난다. 상류 다뉴브강을 지나던 때는 강둑
때문에 강 너머 풍경을 볼 수 없어서 지루했는데, 이제는 강변을 따라
달리는 자전거 여행자, 자동차 그리고 다뉴브강을 끼고 있는 작은 마
을들을 볼 수 있다. 강물만 바라보고 노를 젓다가 사방이 탁 트인 곳으
로 나오자 비로소 여행에 대한 맛이 느껴진다.

다뉴브강을 지나다니는 크루즈와 크고 작은 요트들이 기항할 수 있
도록 강변에는 선착장이 많이 만들어져 있는데, 그곳은 우리에게도 아
주 소중한 쉼터다. 카약을 쉽게 정박시킬 수 있고, 크루즈 배가 일으키
는 파도를 막아주는 방파제 역할도 해 준다. 파도가 배안으로 넘쳐 들
어올 염려 없이 그냥 편하게 쉴 수 있는 공간이다.

오스트리아의 첫 번째 캠핑은 약간의 문제와 함께 시작되었다. 캠핑
장에 도착한 우리는 비가 내린다는 예보에 카약을 나무로 된 폰톤 위
에 카약을 엎어 놓았었는데, 필요한 물건을 꺼내려고 카약을 다시 뒤
집으려 했을 때 문제가 생긴 것이다. 카약의 키와 키를 잡고 있는 쇠 부
분이 폰톤의 나무와 나무 사이에 끼여 있었는데, 그것을 모른 채 무리
하게 뒤집자 키를 잡고 있는 쇠가 휘어진 것이다. 이렇게 되면 키를 올
리고 내리는 게 힘들다. 미처 공구를 준비하지 못해서 맨손으로 휘어
진 쇠를 펴보려고 했지만 잘 펴지지가 않아 애를 쓰고 있을 때, 캠핑차
로 여행을 하시는 분이 공구 상자를 들고 오셔서 덕분에 키를 사용할
수 있을 정도로 휘어진 쇠를 펼 수 있었다.

자전거 여행을 할 때는 그렇지 않았는데 다른 사람들에게 다가가서

도움을 청하는 게 조금 어려워진 것 같다. 뭔가 미안한 느낌이 들었다. 이제는 내가 원하는 것이 있다면 그에 적당한 값을 치러야 할 것 같은 생각이 들었던 것이다. 물론 위급한 상황에 놓여진다면 다르겠지만.

강제 단식

　카약 여행을 시작한 지 6일째 되는 날이다. 어제 오후에 장을 보고 싶었지만, 마트가 있을 만한 마을이나 도시가 나오지 않아서 식량을 구하지 못했다. 저녁은 비상식량으로 남아 있던 1인분짜리 인스턴트 스파게티를 나눠 먹었고, 아침은 초콜릿 바 몇 개와 따뜻한 커피로 허기를 대충 달랬다.

　캠핑장 주인이 20킬로미터 정도를 가면 도시가 나오는데 그곳에는 슈퍼마켓이 있을 거라고 알려줘 점심에는 뭔가를 먹을 수 있을 거라는 기분 좋은 상상을 하며 출발했다. 하지만 점심시간이 지나서 캠핑장 주인이 알려준 도시에 도착했지만 슈퍼마켓은 찾을 수가 없다. 나름 배고픔을 잘 참는다고 자부했었는데 그때만큼은 모든 게 다 짜증이 났다. 노를 저을 힘도, 타고 싶은 욕구도 생기지 않았다. 그래도 그늘에서 숨을 고르며 물로 배를 채운 다음 마음을 다잡고, 다음 도시까지 가보기로 했다.

　자전거 여행을 할 때는 배가 고프면 가까운 슈퍼마켓에 들러 간단하게 먹으면서 허기를 달랠 수 있었다. 하지만 카약은 조금 다르다. 일단 강과 가까운 곳에 슈퍼마켓이 있어야 하고, 슈퍼마켓이 가까이 있다고 해도 카약을 정박할 수 있는 곳이 있어야 한다. 그래서 카약에 충분한 비상식량을 지니고 있어야 한다.

우리는 다음 도시인 린츠Linz까지 쉬지 않고 노를 저었다. 중간 중간에 편히 쉴 수 있는 장소가 나오긴 했지만 빨리 배를 채우고 싶은 욕구로 인해 계속해서 노를 저을 수밖에 없었다. 6시를 넘겨서 겨우 슈퍼마켓에 도착한 우리는 2번씩이나 장을 보았다. 처음엔 에피타이저와 메인 디저트까지 나름 코스별로 다른 종류의 먹을거리를 사서 남부럽지 않게 먹었고, 두 번째로는 3일 동안은 먹을 만한 양식을 양손 가득 들고 카약으로 돌아왔다. 허기진 배를 움켜쥐고 노를 젓는 건 정말 할 일이 아니다.

린쯔에 도착해서는 공원의 아주 흡족한 장소에 텐트를 쳤다. 자리는 아주 좋았지만 사람들이 많이 다니는 공공장소에 자리를 잡은 것 같다.

위기

여행 7일차. 오스트리아의 댐은 독일 댐과 비교가 되지 않을 정도로 크다. 일단 크루즈들이 다뉴브강을 오가기 때문에 크루즈 4척은 충분히 들어갈 수 있는 정도의 크기이다. 오스트리아 댐에는 문을 통제하는 사무실이 있어서 우리가 댐 안에 들어가 있으면 자동으로 문을 여닫아 편하게 댐을 지날 수 있도록 해 준다. 크루즈가 댐 안에 들어가 정박하고 있으면 우리는 크루즈 뒤편에 슬그머니 붙어서 함께 댐을 통과하는데 그때마다 크루즈를 타고 여행하시는 분들이 우리를 신기하다는 듯이 쳐다보며 손을 흔들어 주곤 했다. 그럴 때마다 우리는 마치 동물원 안에 원숭이가 된 것 같은 느낌이다.

오스트리아 댐 앞에는 커다란 전광판에 O, X 표시가 들어온다. O가

표시될 때는 댐을 지나갈 수 있으니 댐으로 들어오라는 표시고, X는 반대편에서 크루즈가 올라오고 있으니 접근하지 말라는 표시이다.

우리가 보기에 댐 안에 3척의 크루즈가 들어가 있고, 댐의 뒷문이 닫히기를 기다리고 있는 것 같았다. 우리 카약까지 들어가면 될 것으로 판단하고 열심히 노를 저어 댐의 50미터 앞까지 왔을 때였다. 전광판이 O에서 X 표시로 바뀌고 문을 올리기 위해 도르래가 돌아가는 소리가 들렸다. 댐이 워낙 커서 통과하는 데만도 40분이 소요된다. 1분 1초가 아까웠던 우리는 신호를 무시하고 힘차게 노를 저어 댐 안으로 들어가는 데 성공했다. 댐 안으로 들어갔을 때는 제일 뒤에 있던 크루즈가 엔진을 끄지 않은 상태였다. 프로펠러에서 내뿜는 물살에 우리 카약은 정신을 못 차릴 정도로 흔들리며 뒤로 밀려났다. 재빠르게 키를 내려 방향을 조절하려 했지만, 물살은 우리를 닫히고 있던 문 쪽으로

밀어냈다. 댐의 문은 올라오고 있었고, 문 주위에 있는 또 다른 물살은 우리 카약을 도르래가 있는 쪽으로 밀어 넣으려 했다. 순간, 온몸의 털이 곤두섰다. 이러다가는 도르래에 카약이 낄 수도 있겠다는 생각이 들어 죽을힘을 다해 댐 안쪽으로 노를 저었다. 다행히 다시 댐 안의 안전한 지역으로 들어 왔을 때는 크루즈가 제자리를 잡았는지 엔진을 껐고, 우리는 겨우 살아남을 수 있었다.

모든 상황이 종료되었을 때, 댐에서 일하시는 안전요원이 다가와 X 표시가 들어왔는데 왜 무시하고 들어 왔느냐면서 나무랐다. 40분을 아끼려다가 정말 큰일이 날 뻔한 것이다. 앞으로는 안전을 위해 신호를 준수해야 되겠다고 새삼 다짐했다.

카약을 타고 가는 루마니아인 두 분을 만났다. 마치 동지와 같은 느낌이 들어 기뻤다. 알고 보니 댐을 지나기 위해서라고 한다. 그들은 오스트리아에서 출발해 흑해까지 수영으로 일주할 계획이었고, 카약은 단지 댐을 지날 때나 텐트와 음식들을 저장하기 위한 용도라고 했다. 믿기 어렵다. 세상에는 정말 다양한 사람들이, 다양한 방법으로 여행을 하고 있다는 걸 다시 느꼈다. 두려움이라는 걸 모르는 사람 혹은 그런 상황을 즐기는 사람, 몸에서 항상 도전을 부추기는 호르몬이 넘쳐나는 모험가들이 정말 많은 것 같다. 그분은 루마니아에 도착하게 되면 카약을 처분하는 걸 도와주시겠다면서 루마니아에서 무슨 일이 생기면 꼭 연락을 하라면서 전화번호를 주었다.

어제는 야영을 했기에 오늘은 제대로 씻고 싶어서 캠핑장을 찾아갔다. 한 사람당 22유로라는 거금을 요구해 캠핑장 울타리 너머의 잔디에 텐트를 쳤다. 텐트 바로 옆으로는 산책로가 있어 사람들이 지나 다닌다. 지나가던 사람이 농담인지 진담인지 알 수 없는 말을 하면서 지나갔다. "캠핑장 바로 옆에 텐트를 쳤네. 아주 좋은 생각인데." 괜히 마음 한 구석에서 부끄러운 생각이 들었다. 그래도 우린 어쩔 수가 없다구요.

실패한 도박

카약 여행 8일차. 어제 저녁부터 비가 내리기 시작했다. 모든 것을 포기하고 빗소리를 즐기면 자기로 했다. 새벽까지 그치지 않고 내리던 비는 아침에 아주 잠깐 그쳤다. 우리는 재빨리 텐트를 걷고 떠날 채비를 했다. 카약을 들고 강가로 다시 내려가는 동안 다시 비가 내리기 시작했다. 우리나라 장마 때처럼 습하지는 않지만 정말 자주 비가 내린다. 가끔 카약을 타고 있을 때 강한 바람을 동반한 국지성 소나기가 내릴 때도 있는데, 하늘에서 끼얹는 물을 한 바가지 뒤집어쓰는 것 같아서 더 신나고 기분이 좋아진다. 옛날에 종종 비가 오면 정신 나간 사람들이 많아진다는 말을 들었던 적이 있는 것도 같은데, 우리 둘이 딱 그렇다.

도박을 걸었는데 실패했다. 대가는 엄청 힘든 일이었다. 어제 만났던 루마니아 분들이 오스트리아 댐에 들어가기 전에는 먼저 전화를 하고 들어가야 한다고 했는데, 전에는 그랬던 적이 한 번도 없었다. 항상 같이 들어가는 크루즈나 요트들이 있어 그 뒤를 따라서 댐에 들어가곤 했다. 며칠 전 신호를 지키지 않아 위험한 순간을 경험했던 우리는 루마니아 분들의 말대로 전화를 하고 들어가기로 했다. 눈앞에 댐이 보였는데, 우리 이외에 다른 배들은 보이지 않았다. 루마니아 분이 알려 준 대로 전화기가 있는 곳을 찾았는데, 전화를 하려면 카약에서 내려야 했다. 하지만 카약을 세울 수 있는 마땅한 장소를 찾을 수가 없었다. 우리는 어쩔 수 없이 지금까지 전화를 하지 않고도 잘 지나왔는데, 이번에도 괜찮겠지, 라고 생각하면서 댐 앞으로 다가갔다. 문 앞에 거의 도착했을 때 독일어 방송으로 뭐라고 하는데 알아들을 수가 없어서 그냥 계속 앞으로 갔다. 곧이어 영어로 더 이상 앞으로 다가오지 말라는 방송이 들려서 우리는 뒤로 물러났다. 한참을 기다려도 문이 열리지 않아서 다시 문으로 다가가자 문에 가까이 오지 말라면서 문을 열어줄 수 없다고 했다. 무슨 일인지 영문을 몰라 수화기가 있는 곳까지 되돌아가 겨우겨우 댐 사무실로 전화를 하자, 먼저 전화를 하지 않았기 때문에 우리에게는 문을 열어주지 않겠다는 것이다. 카약을 들고 댐을 지나가라고 했다. 첫날 이후로는 카약을 들고 옮긴 적이 없었는데, 다시 무거운 카약을 들고 옮겨야 하는 상황에 놓인 것이다. 한숨밖에 안 나왔지만 정해진 룰을 따르지 않았으니 어쩔 수 없다고 포기하고 카약을 들어 댐 건너편으로 옮겼다. 2킬로미터를 옮기는 데 열 번은 넘게 쉰 거 같고, 누가 차로 카약을 실어 댐 건너편으로 옮겨 줬으면 하는 마음에 히치하이킹도 시도해 보았다.

소중한 시간과 힘을 엉뚱한 곳에 허비해서 오늘은 목표 지점까지 가지 못할 거라고 생각했는데, 댐을 넘은 뒤에는 물살이 빨라져서 어느덧 목표 지점인 캠핑장에 도착할 수 있었다.

이곳 캠핑장은 정말 마음에 든다. 가격도 어제와 비교했을 때보다 아주 저렴하고 샤워 시설도 무료로 이용할 수 있다. 따뜻한 물을 사용하려면 1유로 정도를 지불해야 하는데 일단 깨끗한 물로 씻을 수 있는 것만으로도 만족이다. 캠핑장 주인 또한 너무나도 친절한 분이었다.

우리에게는 한 사람 분 캠핑장 사용료만을 받으셨다. 미안한 마음에 따뜻한 핫 초콜릿 두 개와 프리챌 하나를 샀더니 친구랑 같이 먹으라면서 프리챌 하나를 더 주신다.

그분은 카약으로 흑해까지 여행을 해보았다면서 우리에게 몇 가지 조언도 해 주셨다. 역시 고생을 해본 사람이 고생을 하고 있는 우리의 마음을 가장 잘 아는 것 같다. 그분도 여행을 하시는 동안에는 많은 도움을 받으셨을 것이다. 그리고 그때 받았던 도움을 우리에게 돌려주시는 것 같았다.

정말 힘든 하루였다. 일기를 쓰고 있는 지금, 아직도 물 위에서 파도를 타고 있는 듯한 느낌이 든다.

늘 오늘 아침만 같기를

카약 여행 9일차의 아침은 오랜만에 화창했다. 여유롭게 아침을 먹고 비에 젖은 물건들을 말렸다. 와이파이까지 잘 잡혀서 오랜만에 부모님 그리고 친구들과 영상통화를 할 수 있었다. 한 친구에게 영상통화를 걸었더니 그 친구는 받자마자 바로 끊는다. 문자로 왜 전화를 끊느냐 물었더니 영상통화 속의 내 얼굴이 마치 무서운 아저씨 같아 겁이 나서 전화를 끊었단다. 야생에서 지내다보니 좀 망가졌을 수는 있겠다고 생각했지만 친구가 놀랄 정도일 줄이야.

오후에는 캠핑장을 찾았지만 강과 너무 멀리 떨어져 있어서 강 옆에 텐트를 쳤다. 텐트 옆으로 자전거 도로가 있어 자전거를 타는 사람들과 산책을 하는 사람들이 많았지만 이젠 익숙해져서 부끄럽지도 않다. 더욱이 텐트 옆에는 사람들이 이용할 수 있도록 간이 식탁과 의자까지 설치돼 있어 다뉴브강 뒤로 지는 해를 보면서 로맨틱한 저녁식사를 할 수 있었다.

캠핑장 샤워장에서 다뉴브강을 따라 자전거 여행을 하고 있는 프랑스인을 만났다. 그는 하루에 170킬로미터 정도를 라이딩한다고 했다. 난 경주용 자전거로 엄청 밟는구나 싶었는데, 세상에나, 겉보기로 아주 낡아빠진 허름한 자전거였다. 지금은 독일에 여자 친구와 함께 살고 있다면서 하루 빨리 독일로 돌아가 보고 싶다고 했다. 난 사랑하는 사람이 없어서 그만큼 보고 싶은 사람이 없었기에 하루에 150킬로미터밖에 타지 못했구나 싶었다.

프랑스 친구는 여자 친구만큼이나 맥주도 좋아했다. 저녁을 먹고 프랑스 친구는 오늘 밤에는 꼭 맥주를 마셔야겠다면서 우리를 데리고 2시간을 넘게 동네를 돌아다녔다. 하지만 운이 없게도 맥주를 구하지

못했다. 독일에서는 일요일이면 슈퍼마켓이나 가게들이 문을 닫고, 주중에도 6시가 넘어가면 문을 닫는다. 그래도 오스트리아는 혹시 다르지 않을까? 라는 생각했지만 오스트리아도 마찬가지인 것 같았다. 여자 친구와 맥주에 대한 그의 열정은 정말 존경할 만하다.

다뉴브강에서는 정말 크루즈를 많이 보게 된다. 그래서 이제는 대충 어떤 시설이 있는지 감을 잡을 수 있다. 선체에는 객실과 레스토랑이 구비돼 있고, 객실에서는 다뉴브강의 풍경을 조망할 수 있도록 설계돼 있다. 갑판에는 수영장과 의자들도 구비돼 있다.

가끔 나도 저 객실 베란다에서, 갑판 파라솔 아래에 앉아 풍경을 구경했으면 싶을 때가 있었다. 누군가 서빙해 주는 아침을 먹고, 저녁에는 한 잔의 샴페인을 입안에 굴리면서 대자연을 바라보는 기분은 어떨까? 카약 앉아 바라보는 풍경보다 더 아름답게 보일까? 그건 내가 크루즈를 타보지 않아 모르겠다. 하지만 한 가지 짐작할 수 있는 게 있다. 크루즈 여행객들도 며칠 배를 타다 보면, 아니 몇 시간만 타고 있어도 지루함을 느끼게 될 게 분명하다. 왜냐하면 강물에 떠 있는 우리를 발견할 때마다 크루즈에 타고 있는 관광객들이 모두들 격하게 손을 흔들고 환호해 주니 말이다.

오리 가족

카약 여행 10일차에는 우연히 오리 가족을 만났다. 엄마, 아빠로 추정되는 큰 오리 두 마리가 겁도 없이 카약에 앉아 간식을 먹고 있는 우

리에게 다가왔다. 먹을 것을 얻으려는 심보로 접근한 게 분명해서 먹고 있던 땅콩을 던져주니 물에 가라앉기도 전에 집어삼킨다. 새끼 오리들도 우리에게 달라붙었다. 새끼 오리들에게 한두 개씩 던져주다 보니 어느덧 땅콩 통은 텅 비었다. 이놈들은 얼마나 영악한지 땅콩이 다 떨어졌다는 것을 어떻게 알았는지 쿨 하게 가던 길로 가버린다.

오스트리아 상류의 산악지역을 통과하면서 가장 많이 볼 수 있었던 것은 바로 수도원이었다. 대부분의 수도원은 언덕 위에 지어져 있었는데 겉보기에는 마치 작은 성처럼 생겼다. 가끔 비가 내리는 우중충한 날에는 마치 어렸을 적 보았던 드라큘라 만화영화에 나오는 성처럼 오싹한 느낌을 주기도 한다.

수도원을 보고 있노라면 몇 가지 궁금증이 생기곤 했다.

'왜 사람들이 모여 사는 곳에서 멀리 떠나 외딴 곳에 수도원을 지었을까? 어떻게 저 무거운 돌을 험한 산중 언덕 위에까지 옮겨 저렇게 멋진 건물을 지었을까? 무엇을 배우고 수련하기 위함이었을까? 처음 지을 때는 사람들로부터 벗어나 수도를 하기 위해서였을 텐데 오늘날엔 많은 사람들이 찾는 장소가 될 거라는 생각은 해보았을까?'

배움을 찾아 외딴 곳으로 온 수도승들은 이곳에 수도원을 짓는 과정 자체에서 많은 생각을 하고 깨달음을 얻었을 거라 생각한다.

비엔나Vienna에 들어가기 전 마지막 댐, 오스트리아에서의 마지막 댐을 지난 뒤에 자갈밭에서 한참을 쉬었다. 쉬면서 모닥불도 지피고 물놀이도 하다 보니 다시 카약에 몸을 싣기가 싫어져서 이곳에서 캠핑을 하기로 했다.

카약 여행을 하면서 처음으로 불을 지피는 것 같다. 모닥불에 몸을 녹이고 바비큐도 해서 먹고 강가에 앉아 맥주도 한 캔 따서 마셨다. 독일 뉴이부르그Neuburg 이후로 처음 접해보는 꿀 같은 오후 휴식이다.

이럴 때마다 여행을 하는 맛이 난다.

다뉴브의 수도라 불리는 빈

카약 여행을 시작하고 11일차다. 다뉴브강에서 다뉴브 채널(비엔나 중심부)로 들어가는 길은 총 세 가지가 있다. 그중 두 개는 상류 부분에서 빠지면 되는 것이고, 나머지 하나는 비엔나를 지난 후 다뉴브 채널을 거슬러 올라 비엔나 중심부로 들어가는 방법이다. 비엔나를 지나친 다음 다뉴브 채널을 통해 거꾸로 올라가는 길은 우리에게 절대 허용되지 않는다. 결국 두 개의 길을 중 하나를 선택하면 되는데 문제는 두 개의 길 모두 수문으로 닫혀 있다는 것이다. 관리인에게 물어보니 카약을 들어서 옮기든지 우리가 철저하게 배제했던 마지막 방법을 택하라는 것이었다. 무거운 카약을 드는 것보다 더 싫은 건 왔던 길을 두 번 반복해서 가는 것이다. 결국 카약을 들어 옮기기로 했다. 우리가 선택한 것임에도 불구하고 카약이 너무 무거워 입에선 저절로 험한 말들이 쏟아진다.

온갖 고생을 해서 다뉴브 채널로 카약을 들어 옮겼다. 다뉴브 채널에서 가장 먼저 우리를 반긴 것은 관광객들을 태운 작은 유람선이었다. 아무리 작은 유람선이라고 해도 내가 타고 있는 카약보다는 몇 백 배 컸고, 그 배가 일으키는 파도 또한 무시무시하다. 카약 뒤꽁무니에 작은 태극기를 달고 탔었던 나는 유람선에 한국인이 무조건 한 분 이

상은 타고 있을 거란 생각에 괜히 우쭐거리며 유람선 가까이로 카약을 붙였다. 한국인으로 보이는 누군가가 내게 손을 흔들어 주었다. 역시 카약에 태극기를 달아놓은 보람이 느껴진다.

하지만 뿌듯함도 이내 파도가 밀려와 내 카약을 덮치는 것으로 끝장이 났다. 카약은 한순간에 한강, 아니 다뉴브강으로 변했다. 괜히 한번 우쭐거리다가 험한 꼴만 당한 것이다.

비엔나의 중심부로 갈수록 새로운 풍경들을 많이 볼 수 있다. 강가 잔디밭에서 일광욕을 즐기는 사람들부터 폰툰을 개조해서 만든 수상 레스토랑과 수상 인조잔디 풋살장, 21세기다운 건물, 많은 사람들을 보면서 이제 정말 큰 도시에 들어 와 있음을 느낀다.

강에서 어렵게 카약을 끌어올려 호텔까지 끙끙거리며 들어 옮겼다. 지도에는 호텔이 분명 강 근처에 있는 것으로 표기돼 있었지만 실제로 옮기려니 엄청 멀게만 느껴졌다. 아무리 개방적이고, 자유롭고, 남의 일에 신경 쓰지 않는 유럽 국가라고 해도 이상한 복장에 카약을 들고 시내 한복판을 걸어가는 동양인을 보고는 다들 관심을 보인다. 그렇다고 해도 직접 와서 말을 거는 사람들은 없었지만.

생각보다 일찍 호텔에 도착해 밀린 컴퓨터 작업을 했다. 쉬는 게 쉬는 게 아니다. 동영상도 옮기고 유튜브도 업로드했다. 사진작가도 아니고 영상 편집자도 아니지만 간단히 편집해 올리는 것만으로도 시간이 많이 필요하다. 그렇다고 해서 퀄리티가 좋은 것도 아니다.

저녁에 비엔나 시내를 둘러보고, 마엘Maelle을 만났다. 마엘은 영국에서 마지막으로 여행할 때 만났던 친구로 비엔나에서만 20년을 살고 있었다. 비엔나에 오게 되면 연락을 해달라고 해서 지나가는 빈말이거니 했는데, 막상 전화를 하자 비엔나 관광 가이드 역할과 함께 오스트리아 전통음식도 소개해 준다.

시청 광장에서는 무료 클래식 음악콘서트가 열리고 있었고, 우리는 그녀와 함께 잔디밭에 누워 밤하늘을 구경했다. 그녀와 영국에서 다하지 못했던 이야기를 나눴는데, 영국에서 만났을 때는 그냥 보통 사람처럼 대학을 졸업하고 교사생활을 하다 그만두고, 장기 여행을 하는 사람인 줄로만 생각했는데, 알고 보니 고등학교를 졸업하고 바로 부모님으로부터 독립해 살아가기 위해 바로 일자리를 구해 생계를 유지했고, 지금까지도 같은 일을 한다고 했다. 대학에 가서 좀 더 공부를 하고 싶었지만 상황이 그러지 못해서 아쉽다는 것이다. 그러면서도 그녀는 현재의 삶에 만족한다고 말했다.

이런 이야기를 들으면 항상 두 가지 생각이 머릿속에서 맴돈다. 안타깝기도 하고 진짜 멋진 것 같기도 하고. 나도 나름 부모님으로부터 독립적으로 생활한다고 했지만 그녀에 비해선 그냥 아직도 부모님 슬하에서 살고 있는 것 같은 느낌을 받는다. 나중에 엽서라도 한 장 꼭 보내줘야겠다.

감동의 아침식사

카약 여행 12일차다. 우리가 호텔을 예약할 때 가장 먼저 고려했던 것은 강과의 거리였고, 그 다음으로는 리뷰를 통해 알게 된 이 호텔의 아침식사가 아주 잘나온다는 것이었다. 큰 기대를 하게 되면 80%는 실망하는 법인데, 이 호텔은 20%의 확률 안에 들었다. 여행 중에 가장 푸짐하게 잘 먹은 것 같다. 아침 일찍 식사시간 첫 무렵 때 한 번, 아침 식사가 마감되기 전 또 한 번 해서 두 번이나 아침을 먹었다. 그동안 부실했던 영양소 공급을 만회하기 위해서였다. 오후 늦게까지 버틸 수있을 만큼 든든한 아침식사였다. 단지 호텔 직원들에게는 조금 눈치가 보였을 뿐.

카약 앞에 달았던 액션 카메라의 영상들을 확인했는데 우리가 기대했던 아름다운 풍경들은 찍히지 않고 영상의 90% 이상이 물이다. 다른 장비들이 없었던 나는 마치 액션 캠을 위한 헬멧처럼 모자 캡 위에 둘둘 말아서 달았다. 그래도 카약 앞에 달았을 때보다는 많은 풍경을 담을 수 있을 것 같다.

특별히 호텔에서 한 일이 없는데도 하루가 다 지나갔다. 어느덧 저녁을 먹을 시간이고 내일 출발을 위해 준비해야 할 시간이다. 이제는 비엔나를 떠나슬로바키아로 들어간다. 이제 40일 정도 남은 일정인데, 벌써 빨리 끝내고 싶은 마음뿐이다.

오스트리아 카약 여행 Tipps

구명조끼, 태극기

오스트리아는 다뉴브강을 지나면서 유일하게 교통법이 있는 나라다. 다뉴브강에서 카약을 타려면 구명조끼와 자국 국기가 있어야 한다. 구명조끼는 항상 입고 타야 된다고 들었다. 오스트리아에 입성한 뒤로는 더운 날씨에도 불구하고 며칠 동안은 구명조끼를 입고 카약을 탔지만 그 뒤로는 구명조끼를 벗어버렸다. 답답하고 더워서였다. 그러다 한 번은 오스트리아 경찰을 만났는데 아무 말도 하지 않았다. 그 뒤로는 구명조끼를 입지 않고 탔다. 하지만 댐을 지날 때는 구명조끼를 꼭 착용하고 있어야 한다.

댐에 들어가는 법

오스트리아에 입성해서 처음 한두 번은 크루즈가 들어가 있는 댐에 무임승차를 했다. 그래도 댐 관리자에게 아무 말도 듣지 않았다.
공식적으로 오스트리아 댐을 지나는 절차는 이러하다.

1) 댐에 들어가지 1킬로미터 전에 강가에 수화기가 표시된 간판이 있다.
2) 간판이 있는 곳으로 가면 어김없이 수화기가 하나가 있고 수화기를 들면 댐 관리실로 연결된다.
3) 댐 관리인은 어느 나라에서 왔고, 몇 명, 카약은 몇 대가 있는지 등의 정보를 요구한다. 그 질문에 성심성의껏 대답하면 관리인은 댐의 문을 열어 줄 테니 얼마 정도 기다리라고 한다. (영어를 할 줄 하는 관리인도 있지만 독일어만 하시는 관리인도 있다.)
4) 다시 카약에 오르면 화살표로 어느 쪽으로 들어오라는 표시를 해 주고 그 쪽으로 들어가 댐 벽에 카약을 붙인다.
5) 댐의 문이 자동으로 닫히고, 물이 빠진다.
6) 물이 다 빠지고 나면 자동으로 앞문이 열린다. 물의 흐름을 따라 댐을 빠져 나가면 된다.

꼭! 전화하고 들어가기!!!

미인들의 나라 슬로바키아

처음으로 만난 빠른 유속

편안한 침대와 맛있는 아침이 있는 비엔나 호텔을 떠나 다시 카약에 몸을 실었다. 하루 동안 푹 쉰 덕분인지 노를 젓는 게 편했고 탈만 했다. 더욱이 물살이 매우 빨라서 아주 슝슝 나갔다. 아무도 찾지 않는 강변에서 처음 휴식을 취했다. 몽골 몽골한 돌들이 시원함과 편안함을 더해 준다. 비엔나를 빠져 나가면 유속이 빨라 속도가 잘 날 거라는 말이 맞았다. 몇 시간 타지도 않았는데 금세 30킬로미터를 이동했고, 조용하고 편안히 쉴 수 있는 곳까지 찾을 수 있어 모든 게 완벽했다. 너무 행복하다. 평소에는 셀카를 잘 안 찍는데 지금 이 순간만큼은 사진을 찍고 싶었다. 행복한 내 표정을 담고 싶었다. 셀카마저 잘 나온 것 같다.

꿀처럼 달콤한 휴식을 끝내고 2시간 정도 노를 저으니, 슬로바키아의 수도 브라티스라바Bratislava에 도착한다. 붉은 지붕과 새하얀 벽의 성이 눈에 띈다. 높은 언덕에 세워진 성은 마치 파수꾼이 다뉴브강을 통해 들어오는 누군가를 감시하고 있는 듯한 느낌이었다.

나는 카약을 타고 사람들에게 다가가 캠핑을 할 수 있는 적당한 장소를 물어 보았다. 그들은 브라티스라바 카약클럽 캠핑장을 소개했고, 우리는 그곳에 텐트를 설치했다. 그곳은 캠핑을 할 수 있는 곳뿐만 아

니라 큰 건물도 하나가 있었다. 1층은 카약을 보관하는 창고로 쓰이고, 2층과 3층은 샤워실, 조리실, 실내 헬스장과 사무실 등등이 있었다. 건물의 외관과 내부는 한눈에 낡아 보인다. 샤워장은 군대 시절 훈련소의 모습과 흡사했다. 아침에 오스트리아 호텔에서 씻고 나왔던 나로서는 이곳에서 샤워를 하면서 마치 몇 십 년 세월을 점프해서 과거로 돌아간 것 같은 느낌이었다. 브라티스라바는 오스트리아와 정말 가까운데 10년 이상의 간극이 느껴진다. 물론 오스트리아가 그만큼 더 발전해서 시설이 좋고, 사용하기 편할 뿐 사람이든, 건물 분위기든, 도시 분위기든 이곳이 훨씬 더 친근하게 느껴진다. 인간적이 냄새가 더 많이 남아 있다고 해야 하나?

예를 들면 캠핑장에는 오래된 철봉이 하나 있었는데, 독일이나 오스트리아에서는 보기 힘든 오래되고, 진짜 철로만 되어 있는 철봉이었다. 우리나라만 해도 보기 좋은 새 철봉, 왠지 훨씬 수월하고 효과적으

로 운동이 될 것만 같은 철봉들이지만 이곳은 철봉에서도 시간이 많이 느껴진다. 많은 사람들이 이용해 약간은 휘어져 있었지만 그만큼 많은 사람들의 손을 타서 철봉을 잡고 턱걸이를 했을 때도 훨씬 쉽게 느껴진다. 철봉을 잡은 김에 맨손운동을 하고 시내에 나가기로 했다.

시내에 도착했을 때 놀라웠던 것은 미인들이 정말 많다는 것이었다. 긴 치마에 블라우스를 입고 트럼에 올라타는 모습이 마치 영화속 여주인공을 눈앞에서 보고 있는 듯 했다.

곳곳에서 들려오는 슬로바키아어는 러시아어와 아주 흡사하다고 느껴질 뿐이지만 전혀 알아들을 수가 없다. 몇몇 어르신들이 독일어를 구사할 줄 아는 것이 더 놀랍다.

광장에서 저녁 풍경을 카메라에 담고자 애를 쓰고 있는데 할머니 한 분이 내게 다가오더니 영어로 한국에서 왔냐고 물으신다. 첫째, 노부인이 영어를 사용하는 것에 깜짝 놀랐고, 두 번째로는 단번에 나를 한국인으로 알아보았다는 데 놀랐다. 동양인이라면 대부분 중국이나 일본에서 왔느냐고 하는데 대번에 한국에서 왔다는 것을 어떻게 아셨는지 궁금하다.

두 번의 행운

오늘은 카약 여행을 시작한지 14일차다. 어제 오후에 운동을 조금 했다고 복근이 살짝 당긴다. 오전에 일어나서 정말 여유로운 아침시간을 즐겼다. 커피와 간단한 아침식사로 빵을 먹고, 조용한 분위기에 잠

시 독서를 즐겼다. 이런 분위기가 너무 좋다. 이런 기분이 들 때마다 사진작가가 멋지게 사진을 찍어주었으면 좋겠다는 생각까지 들었다.

슬슬 준비를 마치고 슬로바키아 편 핸드 쉐이크를 찍기 위해 시내로 다시 나갔다. 제일 먼저 슬로바키아 국기가 달린 광장에서 한 컷을 찍고 성 쪽으로 이동해서 다시 한 컷을 찍었다.

아이스크림 가게로 가서 어제부터 먹고 싶었던 검은 콘에 화이트 초콜릿 아이스크림을 먹었다. 오~ 콘에서 알밤 맛이 난다. 정말 아이스크림은 사랑이다. 문제는 너무 많은 종류의 아이스크림 있음에도 다 먹어 보지도 못하고 떠나야 한다는 것이다.

장을 보고 3시쯤 브라티스라바를 출발해 약 4시간 동안 카약을 탔다. 오늘 카약으로 이동한 구간은 올드 다뉴브강과 뉴 다뉴브강이 나뉘는 곳까지다. 카약처럼 작은 배는 올드 다뉴브강을 타야 하고, 큰 배

들은 뉴 다뉴브강을 따라 내려간다. 올드 다뉴브강에는 댐이 2개 있는
데 수문이 없다. 그 말은 우리가 카약을 들어서 옮겨야 한다는 의미다.
절대로 일어나지 않았으면 하는 일을 해야 된다는 것. 첫 번째 댐에 도
착한 후 먼저 카약을 옮겨야 하는 거리를 확인해 보았다. 만만치 않은
거리를 옮겨야 했다. 카약을 옮기고 나면 근처에서 텐트를 치고 잘 시
간이 되리라 생각하고 다시 카약을 둔 곳으로 돌아오는 길에 운이 좋
게도 트레일러를 가지고 계신 분을 만났다. 카약이 정말 무거우니 한
번만 도와 달라고 도움을 청하니 흔쾌히 들어 주셨다. 대박!

　다시 강으로 나가 노를 젓다보니 얼마 가지도 않아 두 번째 댐이다.
이번에도 카약을 옮겨야 하는 거리를 확인해보기 위해 길로 나와 걸었
다. 한참을 가도 댐의 반대편이 보이지 않는다. 이번에는 무조건 자동
차를 구해서 옮겨야 한다. 카약을 들어서 옮기려면 적어도 하루는 꼬
박 걸릴 것 같은 거리다.

　우리는 도움을 받을 만한 자동차를 찾아 나섰고, 얼마 가지 않아 캠
핑장을 발견했다. 반가운 것은 캠핑장 한쪽에 놓인 카누들이었다. 카
누들을 옮기는 데는 트레일러가 필요했을 것이고 우린 그 트레일러를
빌리면 되겠다고 생각하고 캠핑장 사장님을 찾아 도움을 청했다. 사장
님은 흔쾌히 도움을 주시면서 캠핑장을 이용할 수 있도록 해 주셨다.

　캠핑장에는 나무로 만들어진 천연 다이빙대가 있었고, 캠핑을 하러
온 남녀노소를 불구하고 모두 다이빙대에 올라가 물속으로 몸을 던지
고 있었다. 오후의 더위를 날려 줄 오락거리를 발견한 우리도 텐트를
치자마자 그리로 달려갔다.

　텐트로 돌아와 침낭을 꺼내려고 짐칸을 열자 믿을 수 없는 일이 일
어났다. 짐칸 뚜껑을 잘 닫히지 않았던 것인지 짐칸 바닥에는 물이 흥

건했다. 분명히 뚜껑을 제대로 닫았는데 왜, 어떻게 물이 샜는지 알 수가 없었다. 카약을 돌려 혹시 구멍이 뚫렸는지 이리저리 살펴보아도 밑바닥은 멀쩡하다. 축축하게 젖은 침낭을 들고 텐트로 들어갔다. 잠 앞에서 물에 젖어 축축한 침낭은 아무런 문제도 되지 않는다.

다뉴브강의 동지들

15일차. 어제 저녁 카약을 캠핑장으로 옮겨준 직원이 아침에도 카약을 강가로 옮겨 주었다. 우리에게 지원차량이 있어서 우리를 따라다니면서 도와준다면 얼마나 좋을까 생각했다. 그럼 노를 젓는 일에만 집중할 수 있을 텐데. 하지만 초보 모험가에게 지원차량이란 허락되지 않는 사치다.

노를 젓고 있을 때 모터를 단 카누 두 대와 카약 한 대가 다가왔다. 그들은 매년 한 번씩 슬로바키아에서 출발해 헝가리까지 갔다가 돌아오는 연중행사를 진행한다고 했다. 모터가 달린 배에 타신 분이 손짓을 해 다가갔더니 카약을 끌어주셨다. 노를 젓지 않고 편안하게 앉아 그분들이 준 음료수와 간식을 먹으며 몇 킬로미터를 이동했다. 가끔 지나가는 작은 요트를 볼 때마다 줄로 연결해 끌어준다면 얼마나 편할까 하고 생각했던 적이 있었는데 현실이 되었다. 정말 꿀 같다. 그분들은 연중행사를 할 때마다 들른다는 단골 펍을 소개시켜 주셨는데, 다뉴브강 바로 옆에 위치해 있어서

많은 고기잡이배들이 그곳에 들러 점심을 먹는 곳 같았다.

다뉴브강에서 갓 잡은 대구와 시원한 생맥주 그리고 착한 가격! 이런 곳이야 말로 진정한 로컬들만 아는 맛집인 것 같다. 그런 곳에 앉아 음식을 먹다보니 제법 다뉴브강을 많이 타본 사람이라도 된 듯한 느낌이다. 우리는 대구 튀김과 대구로 만든 수프를 주문해 나눠 먹었다. 대구 튀김은 여느 생선 튀김과 다를 게 없었지만 대구 수프는 정말 특별했다. 분명히 토마토소스로 간을 맞춘 것 같은데 신기하게도 얼큰한 매운탕 맛이 난다. 동호회 분들은 우리에게 팔찌를 기념품으로 주셨고 슬로바키아 전통 술이라면서 도수가 아주 높은 술을 한 잔 따라 주셨다. 나는 맛을 느낄 수 있는 정도만 마셨는데 용준이는 시원하게 한 잔 툭 털어 넣는다. 순간 몽골에서의 추억이 머릿속을 스쳐갔다.

우리는 그들과 헤어져 다시 카약이 있는 곳으로 돌아갔다. 이번엔 모터보트의 짜릿한 편안함이 아니라 팔 근육의 신경들이 짜릿하게 떨릴 때까지 노를 저어야 한다.

강렬하게 내려쬐는 태양 아래에서 2시간을 달리니 용준이가 술기운이 올라왔는지 도저히 더 이상 못 가겠다고 한다. 가까운 강변에 카약을 세우고 용준이는 기절했다. 한 40분쯤 지났을까? 해변 저 멀리서 몇몇의 무리가 나타나 풍선 같은 배를 강에 띄어 놓고 노를 저어 내려가는 모습이 보였다. 나는 마치 헤어졌던 친구를 우연히 다시 만난 듯한 기분에 무조건 손을 흔들며 노를 저어 그들을 세웠다.

영국인 커플, 프랑스에서 공부하고 있는 영국인 학생 하나, 뉴욕에서 조각을 하는 여성 한 분, 그리고 그 팀의 리더인 마크Mark까지 총 5명으로 이루어진 그룹이었다. 그들은 난민과 관련된 캠페인 활동을 위해 다뉴브에서 노를 젓고 있었다. 카약은 아니고 공기를 넣어서 타는 배다. 소파에 앉듯이 허리를 뒤로 젖힌 상태로 노를 젓는데 정말 편해 보였다. 카약을 타다가 저런 배를 타면 노를 젓다가 잠이 들 수도 있을 것 같다는 생각이 들었을 정도로 편해 보인다. 별게 다 부럽다. 저녁에 함께 캠핑을 했는데, 모두들 자연 속에서 오래 살았던 사람들처럼 강에 들어가서 씻고 불을 피워 몸을 녹이고 요리를 했다.

복숭아 서리

오늘로 16일차다. 밤중에 두 번이나 엄청난 굉음으로 천둥이 울렸고 바로 옆에서 강력한 랜턴을 켠 듯한 번개가 쳤다. 처음 천둥이 쳤을 때 용준이는 깜짝 놀랐는지 나를 끌어안았다. 천둥 치는 소리보다 용준이 때문에 더 놀랐다. 당연히 소나기도 엄청나게 내렸다. 아침에 일찍 출발해 가까운 도시에서 브런치를 먹기로 계획을 세웠는데, 천둥, 번개에 소나기 퍼붓는 소리를 듣고는 그리 급하게 서두를 필요가 있을까 생각을 했고, 늦게 출발하자고 편하게 마음을 먹고 다시 잠을 잤다.

맑은 하늘과 따뜻한 햇살이 새벽에 무슨 일이 있었느냐는 듯 시치미를 뗐다. 아침 시간 동안 텐트와 젖은 물건들을 말리느라 정신이 없었다. 다행히 비가 내릴 것을 대비해서 카약을 뒤집어 놓고 잤던 게 천만다행이었다. 함께 캠핑을 했던 친구들의 배는 온통 난리가 났다. 모든 정리가 끝나려면 점심시간이 족히 넘을 것 같아서 먼저 출발했다.

중간에 브런치를 먹고 마실 물도 구하고 싶었다. 아무 생각 없이 노를 젓다가 지도를 확인해보니 잠시 들러 가려고 했던 도시를 지난 지가 한참이었다. 우리는 날이 너무 더워서 휴식을 취하고 물도 구할 겸 해서 슬로바키아 쪽 작은 마을이 있는 강변에 카약을 세웠다. 구멍가게라도 찾아서 마실 물을 구하려고 강변에서 쉬고 있는 한 부부에게 물어 보니 오늘은 일요일이라 가게가 문을 닫았을 거라며 마실 물이라면 자기 집에서 받아 가라며 집으로 초대해 주었고, 옥수수와 복숭아 그리고 약간에 간식거리까지 덤으로 챙겨 주신다.

이렇게 많은 도움을 받을 걸 알고 있었으면서 왜 폴라로이드 카메라

를 보냈을까 하고 후회를 한다. 받은 만큼은 돌려주지 못해도 좋은 추억으로 간직할 수 있게 사진 한 장이라도 선물을 하면 좋았을 텐데.

　다시 강변으로 돌아오는 길에 복숭아나무를 발견했다. 주인이 없는 나무인지 상품으로 가치가 없어서인지 아니면 지나가는 우리를 위해서인지 복숭아가 잔뜩 달려 있었다. 크기는 매우 작았다. 복숭아 하나를 따서 한입 베어 먹었더니 맛이 달고 과즙까지 풍부해서 다시 나무에 달려 있는 다른 복숭아에 저절로 손이 갔다. 복숭아 한 봉지를 더 얻었다.

슬로바키아에서는 오스트리아에 비해 배들을 자주 볼 수 없었다. 대신 강가에 나와 일광욕을 하시는 분들을 자주 볼 수 있다. 종종 나체로 수영하시는 분, 나체로 일광욕 하시는 분들이 보이는데, 한번은 카약을 타고 가다가 강가에서 섹스를 하고 있는 커플을 보고는 '아, 슬로바키아는 아주 자유분방한 나라구나.' 하는 생각을 했다.

하룻밤을 보내기에 적당한 곳을 찾아 텐트를 쳤는데, 어디선가 신나는 노래가 들려와서 찾아가 보니 럭비 운동장이었다. 유럽 12개국 여자 U-20 럭비대회가 열렸고, 대회가 끝나 파티를 하고 있는 중이었다. 이틀 동안 다뉴브강에서 씻었던 우리는 깨끗한 물로 샤워를 하고 싶어 주최 측에 우리 상황을 설명하고 샤워장을 사용해도 되는지 물어 보자, 총 관리자 되시는 분이 허락을 해 주었다. 두 개의 다른 샤워장이 있었는데 어느 곳이 남자 샤워장인지 알 수가 없어서 샤워장 탈의실에 축구화 하나가 널브러져 있는 쪽을 택했다. 화장실 한 칸이 따로 있는 것 말고는 보통 샤워장과 다를 게 없었다.

샤워를 하고 있는데 누군가 탈의실로 들어오는 기척이 들렸고 곧이어 여자 한 명이 샤워장으로 들어왔다. 그녀는 샤워 중인 우리를 보고도 아랑곳 하지 않고 화장실로 들어가 용변을 보고 나갔다. 별일 아니라는 듯 물 흐르듯 상황이 흘러가 그때는 당황하지도 않았고 그런가보다 하고 넘어 갔는데, 텐트로 돌아와 다시 생각해보니 그렇게 자연스러울 만한 상황은 아니었던 것 같다. 밖에도 화장실이 있었다. 그럼에도 누군가 샤워를 하고 있는, 그것도 동성이 아닌 이성이 샤워를 하고 있는데 굳이 들어와 화장실을 사용하고 싶었을까? 내가 만약에 그여자였다면 샤워를 하고 있는 우리를 보고도 아랑곳하지 않고 당당히 용변을 보고 나갔을까?

슬로바키아 카약 여행 Tipps

트레일러 소지

슬로바키아에서 다뉴브강은 올드 다뉴브와 뉴 다뉴브강으로 나뉜다. 카약과 같은 소형 선박들은 뉴 다뉴브강에서 올드 다뉴브강으로 옮겨가 타야 한다. 카약을 옮겨야 될 거리는 만만치가 않다. 우리는 운이 좋아 트레일러가 있는 자동차에게 부탁을 해서 옮겼지만 그러지 못할 상황을 대비하기 위해서라도 카약용 트레일러를 챙기자.

헝가리로 들어오다

어떤 저녁

슬로카비아와 헝가리를 양쪽에 두고 카약을 탔는데 이제는 완벽하게 헝가리로 넘어왔다. 점심을 해결하기 위해 CBA라는 헝가리 슈퍼마켓에 갔다. 계산을 하기 위해 유로를 꺼내니 받지 않는다. 대신 근처에 있는 은행을 알려 주면서 헝가리 화폐로 환전해 사용하라고 일러주었다. 헝가리 화폐로 환전을 하니 화폐 단위가 확 올라가고 지폐 수가 늘어나 지갑이 두둑해졌다. 왠지 부자가 된 느낌이다. 유럽 지역에서 독립된 화폐를 사용하는 국가를 보면 화폐 단위가 너무 높아 유로가 그화폐 수준을 못 따라가거나, 정반대의 경우다. 독립된 화폐를 사용하는 국가의 물가도 화폐 사정과 비슷하다. 물가가 너무 높거나 낮거나. 헝가리는 유럽연합에 소속되어 있고, 물가도 유로를 사용하는 나라에 비해 별 차이가 없는데 왜 헝가리 화폐를 사용하는지 모르겠다.

5시경 저녁거리를 사기 위해 마켓에 잠시 들렀다. 마을은 그렇게 크지 않았지만 아기자기하고 기분이 좋아지는 마을이다. 크리스마스가아직 멀었음에도 크리스마스 때의 유럽처럼 포근함이 느껴지는 마을이다. 내일 낮에 부다페스트Budapest에 들어갈 계획만 아니었다면 다뉴브강이 보이는 노천카페에 앉아 피자 한 조각 먹고 싶어지는 곳이다.

하루 종일 소나기와 싸웠던 우리 자신을 위로해 주기로 하고 와인을 한 병 샀다. 적당한 장소를 찾아 불을 피워 요리를 하고 아무 생각 없이 쉬고 싶었다. 부다페스트와 그리 멀지 않은 곳에서 캠핑하기에 적당한 곳을 찾아 카약을 정박하는 순간 하늘이 심상치 않게 바뀌더니 곧바로 소나기가 다시 내리기 시작했다. 나무 밑에서 비가 그치기만을 기다렸다. 불을 피우고 나른한 저녁을 즐기고 싶었는데 모든 게 비에 젖어 있어 불가능해 보였다. 불씨를 살리기 위해 소중한 추억들이 담겨 있는 연습장을 한 장씩 뜯어내 겨우 불씨를 지피고 젖은 작은 나뭇가지와 죽은 나무껍질로 화력을 더해 저녁을 해 먹기에 충분할 정도로 불을 키웠다. 그리고 강가에 나가 씻은 뒤 감자, 버섯 그리고 양념이 되어 있는 고기를 구워 먹었다. 저녁을 먹고 간식으로 쿠키에 와인까지 마시고 나니, 힘들고 피곤하게 하루를 보낸다고 해도 오늘처럼 기분 좋게 휴식을 취할 수 있다면 살아볼 만한 삶일 것 같다.

야경의 도시 부다페스트

카약 여행 18일차다. 저녁에 몇 차례 소나기가 더 내렸는지 텐트가 젖어서 아침에 조금 늦게 출발을 했다. 하지만 부다페스트가 코앞에 있어서 늦장을 부려도 별로 상관이 없다.

카약을 타고 조금 달리다보니 세계 수영선수권대회를 준비하는 카약 선수단이 강에서 훈련을 하고 있었다. 나는 그들과 견줘볼 만한 실력을 쌓았는지 궁금해 속도를 맞춰 보려고 했지만 턱도 없이 부족하다. 카약이 물 위에 떠서 가는 게 아니라 물 위로 뛰어가는 도마뱀처럼 미끄러져 달린다. 카약의 속도가 너무나 빨라서 물에 가라앉지도 않는 것처럼 보였다.

부다페스트에 들어가기 직전에 수상경찰들이 다가와 부다페스트 중심가로 들어가는 것을 통제했다. Fina 세계 수영선수권대회 열리고 있어서 11시부터 15시 30분까지는 스포츠용 배는 통과하지 못한다는 것이었다. 아침에 너무 늦장을 부렸던 게 화근이 되었나 싶다. 근처 요트장에 카약을 정박시켜 놓고, 레스토랑에서 점심을 먹으면서 컴퓨터 작업을 했다.

통제가 풀린 뒤에 중심가로 이동하는데 역시나 관광명소답게 시티

투어를 하는 크루즈들이 많았다. 크루즈들이 얼마나 많은지 밀려오는 파도 때문에 강은 마치 걷잡을 수 없는 바다처럼 출렁였다.

강에서 바라보는 부다페스트의 성과 국회의사당의 건물은 경이로워 보였다. 아래에서 위를 올려다봐서 그런지 더 크고 웅장했다. 다뉴브 강 위에서 본 건물 중 단연 최고가 아닐까 싶다. 경이로운 건축물들에 취해 노를 저으니 금방 중심부에 다 닿는다.

중심가에는 많은 선착장이 있다. 모두 크루즈들을 위한 것이고 우리 가 이용할 수 있는 곳은 없었다. 강 옆에 계단에 겨우 카약을 정박시켰 다. 호스텔까지는 꽤나 멀어서 카약을 가지고 이동할 수 없고, 도시 한 가운데에 있는 곳이라 주차장이 없어 부둣가에 숨겨 두기로 했다. 강 주변에서 카약을 보관할 장소를 찾아보고, 선착장 주인이나 정박해 있 는 레스토랑용 크루즈에 가서 허락을 구했지만 모두 거절당했다. 그러 던 중 부둣가에 있는 식당의 화장실로 올라가는 계단 밑에 우리 카약 을 숨겨둘 수 있는 완벽한 공간을 찾았다. 다행히도 식당 사장님은 허 락을 해 주시면서 도난을 당할 수도 있으니 자물쇠를 사서 꼭 묶어 놓 으라고 당부하신다.

재정비 그리고 부다페스트 관광

오늘은 한껏 사치를 부려 보았다. 하루 종일 사치를 부렸다는 건 아 니고 아침 겸 점심으로 호텔에 있는 카페를 방문한 것이다. 값이 상당 히 비싼 곳 같아서 이것저것 풍족하게 시켜서 먹진 못하고 디저트를 하나씩 선택했다. 가격 때문인지 그럭저럭 맛은 있었던 것 같지만 건

물 인테리어와 분위기가 음식 가격에 한몫 차지하고 있음은 분명했다. 오케스트라 연주자들이 클래식 음악을 연주해 더욱 고급스런 분위기를 연출하고 있었는데, 카약을 타는 남자 둘이 오기에 마땅한 장소는 아닌 듯하다. 이 카페는 분위기가 좋다는 소문이 멀리 동쪽 나라들까지 퍼진 모양인지 손님 중에 반 이상은 동양인들이다.

오후에는 헝가리 재래시장으로 걸음을 옮겨 컵, 엽서, 책갈피 따위를 샀다. 시장 끝으로 가면 4층 높이의 건물이 있는데, 1층부터 4층까지 온통 상점과 헝가리 길거리 음식점들이 즐비하다.

나는 칼을 파는 부스 앞에 멈춰 섰다. 여행을 하면서 여러 친구들을 만나다 보면 러시아나 중앙아시아를 여행하면서 친구에게 선물로 받은 칼이라면서 보여주는 이들이 있는데, 여행지에서 선물로 받았다는 것과 중앙아시아에서 받았다는 수식어 때문인지 정말 멋있고 가치가 있어 보였었다. 진정한 모험가라면 하나쯤은 소지하고 있어야 될 것 같은 비주얼의 칼들이었다. 그런 비주얼의 칼을 이곳 부스에서 만날 수 있었다. 장인정신으로 잘 빚어진 칼들을 보고 충동구매 욕구가 급상승 했지만, 가격을 보고 좌절했다. 나도 언젠가 중앙아시아를 다시 여행하게 된다면 이런 멋진 칼을 선물로 받을 날이 있을 거라고 자신을 위로했다.

시장에서 본 헝가리 음식은 왠지 러시아 음식과 굉장히 비슷한 것 같다. 러시아에서 먹어본 음식들과 비슷하게 생긴 음식들이 수두룩하다. 볶음밥과 샤슬릭으로 시장에서 저녁을 해결했다. 오전에 방문한 고급스러운 호텔 카페에서는 가시방석에 앉아 있는 듯한 느낌이었는데 이곳 시장에서는 정말 편안하다. 푹신한 방석 위에 앉은 것 같다. 이런 걸

보면 난 천생 서민체질인가 보다.

카약을 오래 타면 가장 불편한 점이 두 가지 있다. 하나는 직각으로 만들어져 있는 딱딱한 플라스틱 의자에 오래 앉아 있다 보니 허리가 너무 아프다는 것과 다른 하나는 노를 젓다 보면 엄지손가락 안쪽이 노 폴대에 쓸려 물집 잡히기 전 상태처럼 얇아져 쓰라리다. 예비로 챙겨온 전기 테이프로 손가락을 감싸서 그런 고통은 줄었지만 전기 테이프를 전부 써버려서 며칠 감지 않았더니 다시 아프다.

부다페스트에서 등받이로 쓸 만한 것과 전기 테이프 대신 흰색 보건용 테이프를 구입하려고 했는데, 손가락 테이프는 쉽게 구할 수 있었지만 등받이로 쓸 만한 적당한 것은 찾지 못해 참고 타기로 했다.

용준이 카약을 세차한 날

이제 20일차다. 부다페스트에서 이틀을 쉰 우리는 카약으로 돌아왔다. 우리가 숨겨 놓았던 카약은 안전하게 보관돼 있었고 다뉴브강의 수위가 처음 도착한 날보다 높아져서 카약을 내리는 것도 훨씬 수월했다. 하지만 수위가 높아지면 유속도 덩달아 빨라져서 카약을 컨트롤하기가 전보다 더 어렵다.

카약을 물에 띄우고 나서 페달은 손에 잡을 수 있는 곳에 둔 후 카약에 몸을 실을 준비를 마쳤다. 용준이가 자기 카약과 내 카약을 잡고 있는 동안 내가 먼저 카약에 오르고 난 후, 용준이가 뒤를 이어 카약에 탈 수 있도록 내가 도와주는 식으로 탑승하려고 했다. 하지만 몸을 카약에 싣는 순간 유속이 너무 빨라 용준이가 내 카약을 놓치는 바람에 나는 페달을 놓쳐버렸고 카약은 부두에서 점점 멀어지기 시작했다. 하지만 나는 초인적인 힘으로 손을 저어 겨우 페달을 잡을 수 있었는데, 그 순간만큼은 내 손이 작은 배의 엔진 부럽지 않는 힘을 보여 주었던 것 같다. 카약도 말을 듣지를 않는다. 여행에 질려서 반항이라도 하는 건가? 일직선으로 나가려고 하지만 카약은 계속 오른쪽으로 쏠린다.

마을이 보이는 곳쯤에 카약을 세우고 점심으로 먹기 어제 사놓았던 빵을 꺼내보니 곰팡이가 슬어 먹을 수가 없다. 카약이 습한데다가 워낙 더워서 그랬을 거라고 생각했는데 다시 생각해보니 세일 중인 빵을 샀었다는 게 떠올랐다. 유통기한을 확인해보니 오늘까지다. 결국 먹지 못한 빵은 다뉴브강의 물고기들에게 바치고 비상식량으로 산 누에띠네로 점심을 해결했다. 생각보다 날씨가 너무 더워 물을 마시는 양이 많아졌다. 물이 부족하면 어쩌나 걱정했는데 다행히 지나가는 동네 주민에게 양해를 구하고 물을 얻을 수 있었다.

부다페스트를 지나면 이제 대부분의 풍경은 숲이다. 가끔 숲속에 숨어 있는 듯한 마을을 몇 번 지났는데, 동화에 나올 법한 옛날 집 몇 채가 옹기종기 들어선 아주 작은 마을들이었다. 집 앞에 큰 나무가 한 그루 서 있고 그 집들 앞으로는 다뉴브강이 평화롭게 흘러가는 풍경. 오스트리아에서나 봤을 법한 풍경이다. 카약을 타고 다뉴브강을 흘러가는 우리 또한 잠시나마 지루함을 잊게 되는 아름다운 풍경이다.

한참 노를 젓다보니 메인 다뉴브강에서 옆으로 빠지는 지름길이 있다. 더 많은 시간을 소비하면서 먼길을 돌아가는 것은 절대 용납할 수 없었기에 지름길을 선택했다. 지름길의 초입은 사람이 지나다녔던 흔적이 없어서 그런지 무척 을씨년스럽다. 계속해서 작은 강을 타고 가다보니 다리가 하나 보이고, 다리 아래로 흘러가는 물소리가 제법 세차서 조심해야겠다는 생각이 들어 만반의 준비를 했다. 물이 카약으로 넘쳐 들어오지 못하게 카약 방수 팩도 채우고, 키도 내렸다. 용준이가 먼저 가고 내가 그 뒤를 따라 내려갔다. 예상했던 대로 물살이 엄청 강해서 카약을 컨트롤하기가 어려웠다. 간단하게 설명하면 카약 뒷부분에서는 물살이 오른쪽으로 치는데 앞부분은 왼쪽으로 친다. 그리고 서로 다른 물살끼리 만나 소용돌이를 만드는데, 카약이 그리로 휩쓸리면 제멋대로 소용돌이를 따라 빙빙 돌아서 카약을 컨트롤하기가 어렵다.

그런 소용돌이에 빠지지 않게 피해가거나 페달을 빠르게 저어 지나치는 방법이 있다. 겨우 위험구간을 빠져 나와 용준이를 찾아보니, 그 친구는 뒤집어진 카약을 붙잡고 둥둥 떠내려 오고 있었다. 카약 여행을 시작한 이후 처음 뒤집어진 것이다. 다행히 가까운 곳에 카약을 정비할 수 있는 폰툰이 있어서 용준이를 그곳으로 끌고 가 카약에 실려 있는 물건들을 전부 꺼내고 카약을 뒤집어 물을 빼냈다. 물살이 위험해서 살아남으려는 생각밖에 없었던 탓에 액션 카메라에 영상을 담는 걸 깜빡했다. 미안하지만, 영상을 촬영할 수 있도록 용준이가 한 번 더 뒤집어 졌으면 좋겠다.

등받이를 구하지 못해 용준이가 버린 면 티를 등받이 대용으로 사용했더니 없는 것 보다는 훨씬 낫다. 그 덕분인지 지금까지 왔던 그 어느 날보다도 긴 거리를 탔다. 70킬로미터. 기록적인 날이다.

흐발라(감사합니다)

21일차 아침에 일어났는데 우리 텐트 옆의 테이블에는 빵, 멜론, 맥주 두 캔, 수제 딸기잼이 깜짝 선물로 놓여 있었다. 과연 누가 우리를 불쌍히 생각해서 이른 아침에 이런 선물을 가져다 주셨던 걸까? 어제 저녁에 텐트를 치고 있을 때 우리에게 다가와 초콜릿을 주신 아저씨가 아니면 힘들게 불을 지피고 있을 때 불쏘시개로 쓰라며 휴지를 건네주신 할아버지 중 한 분일 듯했다. 너무 너무 감사했다. 감사하단 인사를 전하지 못해서 너무나도 미안할 따름이다. 그리고 이런 선물을 받으면 적어도 헝가리어로 감사하다고 인사를 해야 되는데 아직도 헝가리 말로 감사하단 말을 배우지 않았던 나 자신이 부끄럽다. 마트에 가는 길에 영어를 조금 구사하시는 분을 만나 붙잡고 "감사합니다!"라는 말부터 배웠다.

헝가리는 슬로바키아처럼 마을에 주인 없는 과일나무가 많다. 슬로바키아에서는 복숭아를 따 먹었는데, 이곳에선 자두, 사과, 복숭아를 구할 수 있었다. 아직 과일이 익을 시기가 아니어서 잘 익은 과일을 찾기가 어렵지만 싱싱함과 맛은 마트에서 파는 과일에 전혀 뒤지지 않는다. 이곳에는 무궁화들도 정말 많이 심어 무궁화가 국화인 우리나라보다 더 쉽게 볼 수 있다.

처음으로 요트 타시는 분들이 우리에게 다가와 시원한 맥주를 두 캔 주셨다. 줄로 묶어 조금만 끌어 줬으면 좋을 텐데, 하고 생각하는 사이에 요트는 저만큼 멀어져 간다.

어제 늦게 텐트를 쳐서 씻지 못해 오늘은 어떻게든 꼭 씻고 싶었다. 캠핑할 곳에 도착해 강가에서 아이들과 놀고 계시는 마을 주민에게 샤

워할 수 있는 물을 구하고 싶다고 물어보니 자기 집에서 샤워를 해도
된다면서 화장실을 사용할 수 있게 해 주었다. 밥을 먹고 쏟아질 것처
럼 밤하늘에 가득한 별을 구경하고 사진을 찍고 있는데, 고기잡이를
끝내고 들어오시던 분이 생선을 몇 마리 건네신다. 불도 다 꺼져 호일
로 감싸 모닥불 재속에 넣어두고 내일 아침으로 먹게 될 생선구이를
기대하면서 텐트로 들어갔다.

 오늘은 받기만 한 날로 기억될 것 같다. 아침부터 시작해서 저녁에
자기 전까지 음식, 음료, 맥주 그리고 샤워할 수 있도록 제공해 주신
화장실까지. 아침에 헝가리어로 "감사합니다!"라는 말을 정말 잘 배워
둔 것 같다. 흐발라~

정 부자 어부 아저씨

　밤에 개가 모래를 뒤적거리는 소리가 들려왔다. 대체 뭘 하느라고 저러는 걸까? 아침에 일어나 밖으로 나가보니 보니 궁금증이 해결되었다. 어젯밤에 선물로 받았던 생선을 호일에 싸서 재속에 묻어놨던 것을 개들이 냄새를 맡고 찾아와 생선을 먹으려고 모래를 뒤적거린 것이었다. 물론 남아 있는 생선은 없었다. 들짐승이 우리의 먹을거리를 빼앗아 갔다. 정말 야생이 따로 없는 것 같다.

　다뉴브강 물이 점점 차오른다. '물이 들어올 때 노를 저으라.'라는 옛말이 있는데 정확히 맞는 말이다. 물이 차오르면 유속이 빨라지기 때문에 카약에 속도가 붙는다. 이런 좋은 기회를 놓쳐서는 안 된다.

내일이면 헝가리를 떠난다. 헝가리를 떠나기 전 마지막 도시인 바자 Baja에서 남은 헝가리 돈을 모두 사용했다. 바자에서 3~5킬로미터 쯤 벗어나자 다뉴브강 양쪽으로 모래사장이 보였고, 주말을 즐기러 나온 헝가리 사람들로 가득하다. 그들은 우리와 달리 모터가 달린 좋은 보트를 타고 강변으로와 텐트를 치고 술과 바비큐를 먹으며 즐거운 시간을 보낸다. 우리도 한 모래사장으로 들어갔는데, 인상 좋은 아저씨 한 분이 화이트 와인 한 병과 유리잔 두 개를 들고 다가오더니 수고했다면서 와인을 한 잔씩 따라주시고는 저녁에 초대해 주셨다. 덕분에 저녁을 할 필요가 없어졌다. 그렇지 않아도 부탄가스가 없어서 불을 피워 요리를 해야 할 판인데, 정말 잘 됐다.

우리를 초대해 주신 분은 어부였다. 다뉴브강에서 갓 잡아 올린 생선으로 만든 수프와 빵과 과일들로 푸짐한 저녁을 먹었다. 아저씨는 오늘 저녁에는 자신의 배에서 자고 내일 아침 일찍 고기잡이를 나간다면서 돌아오면 같이 아침을 먹자고 하셨다. 헝가리에 살고 싶다. 어쩌면 이렇게 친절하신 분들이 많을까?

헝가리 카약 여행 Tipps

과일 따먹기

슬로바키아나 헝가리는 마을 곳곳에 가로수처럼 심어져 있는 과일나무들이 많다. 사과, 복숭아, 자두 등을 신선하게 구할 수 있다. 단 남의 집에 있는 과일나무에서 따지는 말 것. 주인이 있는 과일나무 말고도 길가에 많은 과일나무들이 있다.

전기 테이프와 등받이

노를 저을 땐 꼭 장갑은 끼어야 한다. 하지만 며칠 안가 장갑을 껴도 노를 저을 때 닿는 부분이 헐게 된다. 이를 방지하기 위해 전기 테이프로 손을 감싸 주면 훨씬 낫다.

카약 의자는 플라스틱으로 만들어져 있어 매우 딱딱하고 직각이어서 힘들다. 긴 시간 카약에서 앉아 있다 보면 허리가 부러질 것처럼 아프다. 그럴 때 푹신한 옷가지들을 등 부위에 놓고 타면 몇 시간은 더 탈 수 있다. (완전히 좋다고 말할 수는 없다. 옷도 물에 젖으면 플라스틱처럼 딱딱해진다. 그냥 참고 타는 수밖에 없다.)

정 부자들의 나라 세르비아

23일차의 버라이어티한 하루

헝가리에서 나왔다. 드디어 솅겐 지역을 빠져 나온 것이다. 자전거, 크루즈, 비행기로만 지났던 국경을 카약으로는 처음 지나가고 있다.

카약으로 국경을 지나는 과정은 이러하다. 헝가리의 마지막 도시인 모하흐Mohach로 들어가면 도시에 입성하기 전에 노란색 건물 하나가 눈에 띈다. 앞에 크루즈가 정박해 있는 것을 보고 국경검문소란 것을 단번에 차릴 수 있었다.

카약에서 내려 노란색 건물로 들어가면 일요일임에도 불구하고 안내데스크에서 일하시는 분이 계셔서 그분에게 다가가자 밝은 얼굴로 환영해 주셨다. "카약을 타고 세르비아로 넘어가려고 하는데, 헝가리에서 나간다는 스탬프를 받고 싶다."고 하자 어느 나라에서 왔고 어디에서부터 출발했는지 등등 질문을 하시고는 서류에 받아 적더니 서류 작성을 마쳐 주셨다. 그리고 어디로 가서 스탬프를 받으면 되는지 친절히 안내해 주신다.

우리는 잠시 의자에 앉아서 기다렸고, 몇 분 후 직원이 스탬프가 찍힌 여권을 들고 나왔다. 다른 두 직원 분들은 우리 카약을 검사하기 위해 같이 나왔다. 카약을 꼼꼼히 검사할 줄 알았는데, 건물 밖으로 나와 멀찍이 정박해 있는 카약을 보고는 우리 카약임을 확인했으니 지나가도 좋다고 말한다. 검문소를 지나는 과정은 마치 손을 쓰지 않고 코를 푼 느낌이다.

무엇보다 안내데스크에서 일하시던 직원 분이 기억에 남는다. 날씨가 더운데 밖에서 고생이 많다며 물과 고로케 빵을 주시면서 마치 친아들처럼 대해 주셨다. 그분 덕분에 정말 손쉽게 국경을 통과한 것 같다.

20킬로미터 정도를 달렸을까? 세르비아 지역으로 들어갔다. 우리가 세르비아 지역으로 들어가자 가장 먼저 보트 한 대가 다가왔다. 그 보트는 세르비아 경찰이 아닌 크로아티아 경찰이었다. 그들은 우리에게 절대로 크로아티아 땅을 밟아서는 안 되며, 카약도 세르비아 쪽에서만 항해를 해야 한다고 했다. 음~ 잘 알겠습니다.

헝가리 검문소 안내데스크에서 일하시는 분이 가르쳐 주셨던 세르비아의 작은 국경마을에 도착했다. 크지만 허름해 보이는 검문소로 들어갔는데, 겉보기엔 허름해 보여도 우리가 스탬프를 받을 수 있는 중요한 국경 건물이었다.

건물로 들어가 직급이 높아 보이는 분의 방으로 들어갔더니 그는 세르비아에서 카약을 타려면 배를 탈 수 있는 세일링 면허를 발급받아야 한다고 했고, 가격은 카약 하나당 70유로라고 했다. 세일링 면허를 발급받지 않으면 스탬프를 찍어 줄 수 없다는 것이다. 우리에게 남아 있는 유로는 없었고 어제 쇼핑을 하고 남은 헝가리 동전 몇 푼 말고는 가지고 있는 게 없었다.

우리가 절망적인 표정으로 복도에서 한숨을 쉬며 앉아 있을 때였다.

이집트에서 다뉴브강 크루즈 여행을 온 하야트Hayat라는 여자 분이 다가와 우리에게 물었다.

"무슨 일이니? 왜 그러고 있어?"

우리가 자초지종을 이야기하자 그분은 선뜻 100유로를 꺼내 우리 손에 쥐어준다. 우리는 순간 너무 기뻐 거절할 생각도 하지 못하고 선뜻 받아 버렸다.

여행을 하면서 이렇게 큰돈을 받아본 건 처음이었다. 그래도 우리가 가진 돈으로 면허 두 개를 받기에는 턱 없이 부족했다. 검문소에서 일하는 분이 다음 도시에 가면 은행이 있으니 돈을 찾아서 세일링 면허를 취득한 후에 스탬프를 찍으라고 일러주었다. 건물은 허름했고, 직급이 높아 보이는 분은 나이가 많이 들어보였다. 그리고 세일링 면허는 턱 없이 비쌌다. 나는 속으로 가난한 나라여서 관광객들에게 덤터기를 씌우는 건 아닐까 하고 생각했다. 다음 도시에 가면 왠지 70유로보다는 값이 쌀 것도 같았다.

스탬프를 받지도 않은 채 몇 킬로미터 더 노를 저었다. 강 가운데 하룻밤 보내기에 딱 좋은 섬이 보였다. 애매하긴 했지만 섬이 강 중앙에 있어서 어느 나라 땅인지 불분명했다.

섬에 정박해 씻고, 텐트를 치고, 불을 피워 요리를 해서 저녁을 먹고 있는 중이었다. 크로아티아 경찰이 보트를 타고 오더니 이곳은 크로아티아 영토이므로 당장 나가지 않으면 체포하겠다고 겁을 주었다. 우리는 먹던 밥도 버리고 부랴부랴 짐을 챙겨 그 섬에서 나왔다.

섬에서 나온 시간은 저녁 8시 반, 해는 진즉에 넘어갔다. 엎친 데 덮친 격으로 소나기까지 내리기 시작했다. 칠흑 같이 어두운 밤에 비까지 맞아가며 노를 저었다. 불빛이 없으니 카약을 정박할 만한 곳도 찾기가 어려웠고, 앞에 어떤 장애물이 우리를 기다리고 있는지도 확인할 수가 없다. 한 시간 반쯤 노를 저었을까? 멀리 불빛이 보였다. 직감적으로 그 불빛이 있는 곳으로 가면 지금 처한 상황보다는 나을 거라는 생각이 들었다. 우리는 무조건 불빛을 향해 노를 저었다.

불빛에 가까워지자 집 앞에서 밤낚시를 하고 있는 사람이 보였다. 우리는 절박한 마음으로 마당에 텐트만 칠 수 있도록 해달라고 부탁했다. 그분은 흔쾌히 허락해 주면서 일단 자기 집으로 올라오라며 초대했다. 알고 보니 그곳은 그분의 별장이었고, 가족들이 모두 모여 여름휴가를 보내고 있는 중이었다. 아버지인 알렉산더Alexsander는 우리가 불안해하는 것처럼 보였는지 우선 진정하라면서 술을 한 잔 따라주었고, 부인은 수박과 스낵, 감자 샐러드, 돼지고기 등 먹을 것을 내오셨다. 저녁을 먹다가 말았던 터라 얼마나 배가 고팠던지 눈앞에 놓인 음식을 모조리 먹어 치웠다. 그때 먹었던 수박의 단맛을 아직도 잊을 수 없다. 그분들은 우리에게 따뜻하게 샤워를 하고 손님방에 묵도록 해주시면서 지난해에도 우리와 똑같은 프랑스 카약 여행자를 도와주셨던 적이 있었다고 이야기했다.

정말 버라이어티한 하루다.

울며 겨자 먹기로 산 면허증

폭풍우가 지나간 후 다뉴브강의 아침은 평화롭다. 하늘은 구름 한 점 없이 맑고 깨끗하다. 알렉산더 부인이 정성스럽게 차려주신 아침을 먹고, 젖은 물건들을 하나하나 꺼내 마당에 널어 말렸다. 그리고 큰아

들인 울프Wolf와 함께 어제 저녁 강기슭에 쳐놓았다는 그물을 확인하러 갔다. 처음 그물을 쳐보는 거라서 기대가 크다고 했다. 하지만 그물에는 물풀 하나 걸려 있지 않았다.

지난밤에는 불빛 하나 없는 캄캄한 밤이어서 잔뜩 겁을 먹고 강기슭 근처에도 접근하지 못했었는데, 대낮에 보니 캠핑하기에 좋은 곳이 너무나도 많다. 두 번 다시 해가 진 뒤에 카약을 타는 일은 없으리라.

알렉산더의 집을 떠나 11시 쯤 되었을 때 세일링 면허증을 받고 스탬프를 받을 수 있다는 아파틴Apatin으로 출발했다. 알렉스의 둘째 아들인 우로스Uros는 처음 세르비아에 온 우리를 위해 번역을 도와주겠다면서 아파틴에서 만나자고 했다. 세르비아 스탬프도 찍고, 요리를 할 때 사용할 냄비와 먹을 것도 사고, 은행에 가서 환전도 하고, 인스타그램과 페이스북만 가능한 2유로짜리 유심카드도 샀다. 이제 세일링 면허만 취득하면 된다.

우르스는 세일링 면허증을 사는 걸 반대했다. 작년에 왔던 프랑스인은 면허를 취득하지 않은 채 여행했고, 세르비아 사람들은 아무도 그런 걸 가지고 있지 않다고 했다. 만약 경찰이 와서 세일링 자격증을 물으면 "미안해. 처음이라 몰랐어."라고 하면 된다면서.

카약 하나에 70유로, 두 대면 140유로다.

"그 돈이면 세르비아에서는 소형 중고차 한 대를 살 수 있어."

하지만 우리는 이제 막 세르비아 여행을 시작한 지 두 번째 날이고, 문제를 만들고 싶지 않아서 눈물을 머금고 거금 140유로를 지출해 면허를 취득했다.

다시 카약을 탈 준비를 마친 우리는 4시쯤 아파틴을 떠났다. 세르비아를 지나는 다뉴브강에는 작은 섬들이 많고, 지금까지 지나왔던 다뉴브에 비해 더 와일드하다. 작은 섬 모래사장에 여자가 두 명 보였다. 카약을 오래 타다보니 헛것을 본 건 아닌지 싶었지만 정말 여자 사람이다. 우리는 그 섬을 캠핑 장소로 선택했다. 흑심은 정말 없었다. 그래도 우리가 그 섬에서 캠핑을 하기로 결정한 건 그녀들 때문이었음을 고백한다. 말이라도 건네 보고 싶었지만 용기가 한 스푼 부족했던 우리는 새로운 구입한 냄비로 요리한 저녁을 해 먹었을 뿐이고, 그녀들은 곧 고기잡이 보트를 타고 온 아버지를 따라 섬을 떠났다. 아, 밥을 먹고서 용기를 내 말을 걸어보려 했는데 아쉽다.

저녁에 텐트에서 자고 있을 때 야생 늑대가 우는 소리가 들려왔다. 벌써 알렉산더와 부인이 보고 싶다. 엄마, 아빠처럼 정이 많고 편안하게 해 주신 분들이셨는데.

세르비아에서는 건배란 말만 알면 만사 OK!

8월이다. 진정한 여름의 시작이다. 이른 아침부터 여름이 한 걸음 더 우리 곁으로 다가왔음이 느껴졌다. 하루하루 희망과 용기를 충전해도 모자랄 판에 아침에 떠오르는 태양은 뜨겁게 내리 쬐어 꿀 같은 아침 잠을 빼앗아 갔다.

어제 저녁 텐트 주위를 날아다니는 벌 한 마리를 죽였는데, 아침부터 친구들이 복수를 위해 텐트 앞으로 몰려와서 잽싸게 강으로 도망을 쳤다. 항상 여유롭게 즐기던 아침도 카약에 앉아 땅콩과 쿠키로 간단하게 해결했다.

쇠파리 한 마리가 노를 젓고 있는 내 눈앞에서 윙윙 거리며 날아다닌다. 모기나 벌처럼 쏘지는 않지만 신경이 쓰인다. 헝가리였던가? 어느 구간에서부터인가 계속해서 따라 다니는 쇠파리가 한 마리가 있었다. 신기하게도 카약을 탈 때면 나타났다가 저녁 무렵이면 사라지고 다시 아침에 카약에 오르면 나타나곤 하는 녀석이었다. 헝가리를 지나 세르비아로 넘어온 뒤 이틀 동안은 보이지 않기에 헝가리 국적인 녀석이라 그냥 되돌아갔는가 싶었는데, 다시 나타난 것이다. 입국심사를 받느라 시간이 걸렸던 모양이다.

크로아티아 구간에서는 휴식을 취할 만한 곳 또는 마을들이 많다. 하지만 카약을 정박할 수 있는 곳은 많지 않았다. 지도에 세르비아 땅으로 표기된 섬의 캠핑장에 도착했다. 지도로는 분명 세르비아 영역인데, 캠핑장에는 온통 크로아티아 사람들뿐이다. 심지어 크로아티아 영토에서 주기적으로 배가 들어왔다 나갔다 하며 사람들을 실어 나른다. 크로아티아 사람들도 이 섬이 세르비아 영역인 것은 알고 있었지만,

아주 떳떳하게 섬에서 해수욕, 일광욕과 비치발리볼을 하며 휴가를 보내고 있다. 심지어 섬에 있는 펍에서는 크로아티아 화폐를 사용한다.

세르비아로 들어오던 첫날이 생각났다. 자기 나라로 넘어오는 건 철저히 막으면서 크로아티아인들이 세르비아로 넘어가 노는 것은 나 몰라라 하고 있다니.

캠핑장에서 마실 물을 구하고 싶었지만 크로아티아 화폐가 없는 관계로 잠깐 쉬고 난 뒤 세르비아 마을로 향했다. 마실 물이 다 떨어져간다.

캠핑장에서 2인용 카약을 타고 온 오스트리아인 마리Marie와 루카스Lukas를 만났다. 그들은 하루에 40킬로미터 정도를 달리고 무조건 와일

드 캠핑을 한다고 했다. 그들은 여행을 하면서 영국에서 온 마이크Mike를 만났는데, 그는 스탠딩 보드를 타고 다뉴브강 종주를 하고 있는 중이라고 했다. 다시 한 번 세상에는 미친 사람들이 참 많구나 하는 생각이 들었다.

목적지로 정했던 작은 마을의 강가에 있는 식당을 발견했

다. 식당주인에게 허락을 구하고 식당 공터에 텐트를 설치했다. 우리
가 식당으로 갔을 때 처음으로 눈에 띈 것은 통째 훈제로 굽고 있는 양
고기였다. 아파틴의 어부동호회 회원들이 파티를 준비하고 있는 거였
다. 그들은 조촐하게 저녁식사를 준비하는 우리를 파티에 초대해 주었
고, 훈제 양고기가 다 익자 파티가 시작되었다. 식당 종업원들은 술과
음료를 서빙하느라 분주했고, 파티 분위기도 무르익었고, 잠시 후 마
을에서 밴드가 와서 흥을 더욱 북돋았다. 파티는 왁자지껄했지만 우리
는 한마디도 알아듣지 못했다. 그래도 파티를 즐기는 데는 아무런 문
제가 없었다. 세르비아어로 "건배"라는 단어를 배우고 나서 자연스럽
게 파티에 스며들었다.

동양인은 처음이야

어느덧 카약 여행도 26일차가 되어간다. 나무들 사이에 텐트를 쳤던 게 신의 한 수였을까? 나무가 햇볕을 가려줘 아침까지 기분 좋게 잘 수 있었다. 거기에 바닥이 풀로 푹신하게 깔려 있어 더 완벽한 잠자리였다.

어제 음식도 시켜먹지 않고 공짜로 식당 마당을 사용한 터여서 미안한 마음에 커피를 주문했더니 주인아주머니는 잔돈이 없다면서 무료로 커피를 주신다. 더 미안한 마음이 들었지만 모든 게 잘 풀릴 것 같은 아침이다.

식당은 아침부터 바쁘게 돌아가고 있었다. 새벽에 잡아 올린 싱싱한 생선들을 손질하고, 채소를 다듬으며 장사를 준비하고 계셨는데, 보는 것만으로도 모든 음식들이 정말 맛있을 것 같다는 느낌이 들었다. 분주하게 일을 하고 있는 모습을 멍하니 지켜보노라니 사람이 살아가는 냄새가 진하게 느껴진다.

지도를 보면 노비사드Novi Sad는 큰 도시임이 분명했다. 캠핑장이 있을 것이라는 확신을 가지고 62킬로미터를 달려 노비사드 초입에 도착했을 때였다. 강에 떠 있으니 배인 게 분명한데 겉으로는 건물처럼 보이는 곳에서 한 남자가 우리를 향해 손짓을 했다. 우리가 다가가자 그분은 카약을 건너편에 정박해 두고 건물로 들어오라고 했다. 휴식을 취할 겸, 캠핑 장소도 물어볼 겸 좋은 기회라는 생각이 들어서 그곳에서 멈추었다. 그는 카누를 직접 제작하고, 렌트해 주는 일을 하시는 분이었다. 우리가 먼저 묻기도 전에 노비사드에서 캠핑을 하는 것은 불법이니 오늘 밤은 이곳에서 묵고 가라고 하셨다. 그리곤 며칠 전에 스탠딩 서핑보드로 다뉴브강을 종주하는 영국인도 이곳에서 이틀 밤을

묵고 갔다고 한다. 또 여기서 8년째 일을 하고 계시는데 매년 여름이
면 다뉴브강을 종주하는 사람들을 초대해 재워주곤 하는데, 동양인은
처음이라고 해서 괜히 어깨가 으쓱해졌다. 어쩌면 우리가 동양인들 중
최초가 될 수도 있다는 말이 아닌가!

로컬은 푸짐하고 맛있어

알렉산더Alexsander 사장님과 제나Jena로부터 세르비아 다뉴브강 여
행에 대한 정보를 얻었다. 제나는 자신의 블로그에 우리의 이야기를
싣고 싶다면서 간단한 인터뷰를 했고, 세르비아에서 카약을 탈 때 알
아 두면 유용한 팁을 알려 주었다. 첫 번째로 세일링 면허를 받지 않고
카약을 타는 방법에 대해 알려주었다. 우리가 이미 세일링 면허를 취득
했기 때문에 어쩔 수 없지만 다른 외국인들이 더 이상 그런 곳에 돈을

허비하지 않았으면 한다고 했다. 제나가 가르쳐 준 방법은 이렇다.

 헝가리에서 세르비아로 넘어올 때 카약을 타고 넘어오는 대신 카약을 가지고 인도를 통해 크로아티아로 넘어간 후에 크로아티아에서 세르비아로 넘어오면 세일링 면허 없이도 스탬프를 받을 수 있다는 것이다.

 두 번째로는 아이언 게이트를 지나게 될 텐데 그때는 카약을 꼭 큰 선박에 실어서 지나가라고 했다. 지금까지 봤던 댐과는 차이가 다른 큰 댐이라면서 카약에게는 절대로 댐 문을 열어주지 않으므로 댐을 지나기 전 도시에서 큰 화물선을 잡아 카약을 실어야만 아이언게이트를 지날 수 있다는 것이다.

 우리는 유용한 정보들과 빠른 출발을 맞바꿨다. 우리가 떠나기 전에 알렉산더는 오늘과 내일이 가장 더울 거라면서 그늘에서 많이 쉬도록 하고 더위 먹지 않도록 안전하게 타라면서 걱정했다.

 점심을 먹기 위해 그늘에서 쉬고 있을 때 작은 배의 선장이 어부들 사이에서 맛집을 추천해 주었다. 오랜만에 외식을 결정했다. 42킬로미터를 달린 후 강가에 있는 그 식당을 찾아갔다. 난 생선 수프를 주문하고 용준이는 세르비아 소시지를 주문했다. 옆 테이블에서 내가 시킨 생선 수프를 먹고 있었다. 두 사람이 먹거 있어서 2인분이라고 생각했는데, 음식이 나오고 보니 1인분이란 걸 알았을 정도로 양이 많다. 남은 음식을 테이크아웃할 정도로 굉장히 푸짐한 양이었고 헝가리에서 먹었던 수프와 비슷하면서도 국물이 더 진했다. 게다가 가격까지 저렴하다. 헝가리에서 맛보았던 로컬들만 알고 있는 맛집을 세르비아에서도 하나 알게 되었다.

 식사를 마치고 나서 11킬로미터 정도를 달리자 강변으로 펜션 같은 집들이 보이기 시작했다. 우리는 작전을 짰다. 마당에 사람이 보이면 안전하게 캠핑을 할 수 있는 곳이나 마당에 텐트를 칠 수 있는지 넌지시 물어 보는 것이었다. 처음 만나게 된 사람에게 다가가 혹시 주위에 캠핑할 곳이 있는지 물었다. 그는 강 가운데 있는 섬을 가리켰다.

"거기는 좀 먼데, 가까운 곳은 없나요?"

"거기 말고는 없소."

그는 냉정하게 그만 가보라고 했다. 실패! 다시 몇 킬로미터를 달리자 사람들이 보이기 시작했다. 다시 용기를 내 물었다. 날이 저물어 캠핑할 곳을 찾고 있는데 혹시 마당에 텐트를 쳐도 괜찮은지 묻자 주인은 흔쾌하게 허락을 해 주신다. 할렐루야! 실패하면 어떠하랴? 용기를 내 도전하는 자만이 목표를 달성하리라. 부인은 배가 고프지 않느냐고 물으면서 스파게티, 외국식 볶음밥, 샐러드, 수박, 맥주, 와인 같은 음식을 푸짐하게 차려 주셨다. 배가 터지게 저녁을 먹은 지 한 시간 정도밖에 안 됐는데도 성의를 거절할 수가 없어서 위를 열어 음식들을 구겨 넣었다.

물 위의 호스텔

강렬한 햇볕으로 인해 일찍 잠에서 깼다. 주인집 부부는 새벽부터 일어나 벨그라드Belgrade로 출근을 하셨는지 집에서는 아무런 인기척도 없다. 햇볕을 피해 그늘로 들어가 아침을 먹었다. 어제 식당에서 테이크아웃한 음식과 주인집 아주머니가 오늘 가면서 먹으라면서 챙겨주신 음식들로 푸짐했다.

벨그라드까지는 31킬로미터 정도 떨어져 있었다. 아침을 든든하게 먹었던 덕분인지 생각보다 빨리 도착할 수 있었다. 카약을 맨 처음 탔던 날에는 21킬로미터로만 달리고도 뻗었는데 이젠 31킬로미터 정도는 쉬지 않고도 거뜬히 탈 수 있게 되었다. 한 달 정도를 탔더니 이제는 허리도 플라스틱 의자의 모양에 맞게 정확한 ㄴ자 모양으로 교정되어 가는 걸 느낀다. 항상 구부정했던 허리가 반듯하게 펴진 느낌이다.

벨그라드에서는 독특한 호스텔을 예약했다. 강물에 떠 있는 호스텔이다. 노비사드에서 보았던 건물처럼 생긴 배가 몇 배는 업그레이드돼 일반 집과 똑같다. 1층에는 카페형 리셉션과 편히 쉴 수 있는 소파들이 배치돼 있고, 노천카페처럼 테라스도 있었다. 다른 호스텔보다 5~7유로 정도는 값이 비쌌지만 카약을 육지로 옮기지 않아도 된다는 큰 장점이 있다. 우리는 다른 고민을 할 것도 없이 선택했다.

해가 저물도록 계속 호스텔에만 머물렀다. 뜨거운 햇볕 때문에 우리가 할 수 있는 거라곤 호스텔에 남아 쉬는 것, 아니면 쇼핑센터에서 어슬렁거리는 것 말고는 없다. 쇼핑센터에 가는 그 짧은 시간마저 더위 때문에 죽을 것 같았다.

오후가 되어 햇볕이 조금 수그러들자 우리는 벨그라드 시내와 성을

보러 나갔다. 벨그라드 시내의 번화가를 따라 올라가다보면 공원이 나
오고 그 뒤로 성이 있다. 다뉴브강을 따라오는 동안 보았던 다른 성들
과 비슷하게 강과 인접한 언덕에 위치하고 있고, 솟아 있는 성벽 위에
는 나폴레옹 시절에 사용했을 법한 대포들이 다뉴브강을 향해 조준되
어 있었다. 성의 외양은 다른 유럽의 성들과 다를 게 없다. 재건축 또는
수리를 하지 않은 탓인지 조금 허름해 보였을 뿐.

　하지만 다른 성들과는 다른 점은 성문 앞에 문지기가 지키고 서 있
다는 점이다. 40도까지 올라가는 한낮에도 중세시대에서 입었을 법한
철로 된 갑옷을 입고, 사람이 들어 갈 때마다 주먹과 손바닥을 맞부딪
치며 경례를 한다. 처음에 경례를 하는 모습을 봤을 때는 위엄 있어 보
였는데 계속 지켜보니 문지기들도 힘이 드는지 손을 맞부딪칠 때 나는
소리가 힘이 약해져 갔다. 지칠 법도 하다. 투철한 직업정신 없이는 죽
어도 못 할 것 같다.

시내에서는 그림을 그려 파는 화가들, 버스킹을 하는 음악가들을 쉽게 볼 수 있다. 우리는 바이올린을 연주하는 두 남매 앞에 걸음을 멈추고 오래도록 연주를 들었다. 음악에 대해 논할 정도의 식견이나 좋은 귀를 가지고 있지는 않았지만 그냥 들리는 대로 느끼고 즐기는 것이다. 어쨌든 분위기가 좋았다. 어린 남매의 표정, 몸동작에는 음악을 연주를 하는 데서 얻는 행복이 그대로 묻어 있었고, 그런 행복이 바이올린의 현을 통해 울려 퍼지고 있었다. 가난한 여행자에 불과하지만 그들의 꿈이 바이올린 연주자일지 아니면 다른 일인지는 잘 모르지만 지금 떠났다.

Too much friendly

오늘로서 30일차가 되었다.

세르비아는 'too much' 친절하다. 그런 'Too much 친절함'에 우리는 무력하게 당해 버렸다.

벨그라드를 떠나 점심시간 무렵이 되어서였다. 너무 더워서 쉬어가기 위해 강변에 멈췄을 때, 한 아저씨가 다가와 자기 가족들에게 우리를 데려가 먹을거리와 시원한 얼음물을 권했다. 그들과 함께 놀다 보니 어느덧 한 시간이 훌쩍 지났다. 더 이상 시간을 허비하면 안 될 것 같아서 그만 떠나려고 하니 좀 더 놀다가 오늘 밤은 자기 집에서 묵고 가라고 한다. 하지만 아직 가야 할 길이 많이 남은 우리는 정중히 거절하고 다시 노를 저었다.

5시쯤 샛길로 빠져 달리고 있을 때 강가에 있는 식당에서 술을 마시

며 놀고 있던 청년들이 우리를 보고 올라오라면서 손짓을 했다. 아직 20킬로미터 정도가 남아 있기에 여기에서 쉬게 되면 목적지에 도착하지 못할 것 같아서 거절했더니 그들은 계속해서 올라와서 음식을 먹으며 쉬었다 가라고 권한다. 못이기는 척 식당으로 들어가 저녁과 함께 맥주를 마시며, 강에 뛰어들기도 하면서 시간을 보냈다.

우리가 아직 목적지에 도착하지 못해 가야 한다고 하자, 이곳에서 하룻밤을 묵으라면서 내일 아침에 트레일러를 구해서 데려다 주겠다는 거였다. 그리곤 여기저기 전화를 하기 시작한다. 우리로서는 일석이조. 공짜로 먹고 마시면서 놀다가 내일 아침 목적지까지 갈 수 있으니 말이다.

하지만 한참 뒤에 돌아온 대답은 미안하지만 트레일러를 구하지 못했다는 것. 우리는 그 말이 떨어지기가 무섭게 벌떡 일어나 카약에 몸을 실었다. 어두워지면 카약을 타지 않는다는 규칙을 만들었지만 지키지 못하고 다시 한 번 어둠 속에서 노를 저어야 했고 겨우 캠핑을 할 수 있는 곳을 찾아 잠에 빠졌다.

'Too much 친절함'이 나쁜 건 아니지만 거절하기가 미안할 정도로 베풀어 주고, 초대해 주는 게 문제다. 친구들과 놀다 친해져 시간이 가는 줄 모르고 정신없이 놀게 되는 것이다. 덕분에 우리는 목표지점에 가지 못했다.

31일차, 이제 끝이 보인다!

밤새 비가 왔고, 잠자리는 편했다. 꿈에서 아주 친한 친구가 등장해 내 배를 힘껏 내리치는 바람에 죽을 듯이 아파서 바닥에 나뒹구는 악몽을 꾸었다. 호스텔에서 쉴 때 에어컨 때문에 감기 기운이 있었는데, 꿈을 꾸며 땀을 흘렸던 탓인지 조금 괜찮아진 것 같다.

어제 정신없이 얻어먹어 오늘도 또 그러려니 하는 생각이라도 남아 있었던 건지 아침거리를 준비하지 못해 하는 수 없어 따뜻한 커피 한 잔씩만 마셨다. 든든하게 배를 채우지 못하고 카약에 오르다 보니 금방 배가 고파졌다. 강가에서 그물을 손질하고 있는 어부에게 "빵을 사고 싶은 마트가 어디쯤에 있느냐?"고 몇 개의 단어와 몸짓으로 물었더니 생각지도 않게 가지고 있던 빵을 주신다. 덕분에 잠시나마 허기를 달랜 우리는 몇 킬로미터를 더 가서 작은 마을로 들어갔다. 그리고 작은 마트에서 먹을거리를 구해 카약으로 돌아오다가 한 외국인을 만나게 되었다. 그는 우리에게 노비사드를 지나지 않았느냐고 물으면서 거기에서 우리 카약을 보았다고 한다.

여행 중에 한번 보았던 사람을 다시 만나게 되는 것은 정말 드문 일이다. 그래서 더욱 신기하고 신나는 법이다. 우리도 그들과 같이 육체적으로 조금만 여유로웠으면 그들보다 더 신나게 인사를 건네면서 떠들었을 텐데. 어쨌든 그들은 차에 몸을 실어 여행을 계속했고 우리는 카약에 몸을 싣고 출렁이는 다뉴브강으로 들어갔다.

오늘 처음으로 마지막 나라인 루마니아 땅을 보았다. 세르비아에 비해 마을의 형태가 더 잘 갖춰져 있고 집들이 오순도순 모여 있다. 지붕도 모두 빨간 벽돌로 만들어서 멀리서 보았을 때 예쁘게 보인다. 그 마을에서 몇 킬로미터를 더 달리자 공장지대가 보였다. 이제 한국과 한층 더 가까워졌음을 느낀다. 시차도 1시간 더 가까워졌다.

강변 공공샤워시설에서 씻고 근처 식당에서 저녁을 먹었다. 생선 수

프와 빵을 시켰는데, 수프의 양이 너무 적다. 다뉴브강에서 먹었던 생선 수프 중 양도 가장 적고 맛도 없었다. 배가 차지 않아 피자를 시켰는데, 그제야 식당에 사람들이 많은 이유를 알게 되었다. 피자 도우조차 쫀득쫀득하니 너무 맛있다. 지금까지 먹어본 피자 중 단연 최고라고 할 수 있다.

밥을 먹고 강변에 친 텐트로 돌아왔을 때, 근처로 젊은이들이 맥주를 들고 하나 둘 모여들기 시작하더니 우리에게도 맥주를 권한다. 세르비아 사람들은 어른이나 젊은이나 할 것 없이 베푸는 걸 정말 좋아하는 것 같다. 이미 'Too much 친절함'을 경험해봤던 우리는 적당히 놀다가 텐트로 들어왔다.

다뉴브강의 하이라이트

32일차, 한 달 동안 쌓인 피로 탓일까? 아침에 일어나면 온몸이 아프다. 우리 텐트는 마을 중심부와 가깝게 있어서 빵가게에 가서 신선한 아침에 먹을 빵과 저녁으로 먹을 음식들 사왔다.

우리는 다뉴브강에서 가장 강폭이 넓은 구간을 지나갔다. 강폭이 5킬로미터에 달한다. 파도는 없고, 웅장한 호수와 같다. 그 곳을 지나면 강폭이 갑자기 좁아지면서 다뉴브강에

서 가장 수심이 깊은 지역을 통과하게 된다. 가장 넓은 지역에서 좁은 지역으로 들어가면서 강 양쪽은 암벽으로 이루어져 있다. 이곳은 다뉴브강에서도 관광지로 손에 꼽힐 만큼 아름다운 구간이라고 한다. 카약을 타면서 만났던 몇몇 여행자들은 이 암벽지대를 유럽의 그랜드캐년이라고 부르기도 했다. 독일 카약 캠핑장에서 만났던 분은 7월쯤에 세르비아로 카약을 가지고 와서 카약을 타며 암벽을 보러올 계획이라고 말했었다. 유럽의 그랜드캐년이 시작되는 입구는 마치 SF 영화의 마지막 결투 장소로 들어가는 문과 비슷한 느낌이다. 강 양 옆으로 넓게 퍼져 있던 산들이 한 곳으로 모이면서 높은 암벽으로

된 협곡을 만들어낸다. 그 문을 지나 몇 킬로미터 정도 지나자 중학교나 고등학교 지리시간에 지층의 변형을 공부할 때 많이 나올 법한 암벽지대가 나온다. "아, 이제 시작이구나!" 하고 기대하면서 한참을 달렸지만 더 이상 암벽은 나오지 않았다. 그랜드캐년처럼 암벽들이 죽 이어진 것이 아니라 어느 짧은 한 구간만 그런 높은 암벽이 있다. 앞으로 가면서 더 멋진 곳이 나올 거라 생각하고 사진 찍는걸 아껴놨는데, 처음에 보았던 게 전부인 것 같다.

그 암벽도 그렇게 깊은 인상을 남길 정도는 아니었다. 규모는 웅장하지만 우리나라 섬진강에서도 흔히 볼 수 있는 그러한 암벽인 것 같다.

암벽지대를 지난 후 캠핑장에 들러 한숨 자고 일어나 카약을 다시 강물에 띄웠다. 그때부터 미친 듯이 파도가 치기 시작한다. 다뉴브강의 좁은 지역으로 들어올 때 결투의 장소로 들어가는 느낌 비슷하다고 했는데 정말 큰 결투가 벌어진다. 파도와의 결투다. 좁은 협곡에 바람이 많이 불어서 그런지 파도가 심했다. 처음에는 파도를 가로 지르는 게 재미있어서 신나게 노를 저었지만 몇 분 지나지 않아 지쳤고, 파도에 카약이 뒤집힐까봐 정말 조심스러웠다. 지금까지 만났던 파도 중에 가장 강한 파도다.

중간에 세르비아인 한 분이 어제 오후 50척이 넘는 카약이 이곳을 지나갔다고 했는데, 아마 TID였을 것이다. 그들은 우리보다 3주 정도 일찍 출발했는데, 우리가 거의 다 따라잡은 셈이다. TID는 Tour International Danubien를 줄인 말로 1969년에 창립돼 매년 6월 세 번째 주에 독일에서 출발해 9월 첫 번째 주에 흑해에 도착하는 행사를 진행하는 국제적인 단체이다. 참가인원은 항상 50명이 넘는다고 한다.

최악의 하루

새벽에 파도소리가 심하게 들려서 텐트가 물에 잠기는 거 아니냐며 농담을 하고 잠이 들었는데, 아침에 일어나 밖으로 나와 보았더니 우리의 카약이 파도에 치여 이리저리 나뒹굴고 있었다. 다행히 줄로 나무에 묶어놓아서 떠내려가지는 않았다. 순간 카메라가 카약에 있다는 생각이 스치자 맨발로 달려갔다. 불안한 예감은 절대로 틀리는 법이 없다. 카약은 물로 가득 차 있었고, 카메라는 반 잠수돼 제멋대로 셔터를 누르고 있었다. 카메라를 꺼내 배터리와 메모리카드를 분리하고 햇볕에 말렸다. 용준이 상황도 다르지 않았다. 물에 잠긴 카약을 보니 입맛이 뚝 떨어져 아침 대신 카약에 실어놓은 물건들을 끄집어내 정비하느라 바빴다. 어제 물가에 카약을 올려 묶어놓을 때는 물이 이 정도로 차오를지 전혀 예상하지 못했다. 카약을 옮기는 게 귀찮아서 단단히 묶어 놓기만 했는데 강에도 밀물과 썰물이 있는지 수위가 하룻밤 사이에 높아진 것이다.

이 일을 겪고 우리는 또 하나를 배웠다. 중요한 물품들은 항상 옆에 두어야 하고 최악의 상황을 대비해야 한다는 것.

파도가 아주 높았지만 언제 잠잠해지게 될지 알 수 없어서 일단 출발을 했다. 20킬로미터 정도를 달려 겨우 1,000킬로미터 대를 깼다. 기뻐할 겨를도 없이 파도 덕분에 심신이 모두 만신창이가 되어 가장 가까운 마을로 간 다음에 한 번 더 점프를 하기로 결심했다.

독일에서는 자동차를 빌려서 점프하면 되지만 이곳 세르비아는 독일만큼의 인프라가 구축되어 있지 않다. 우리는 히치하이킹을 시도했다. 히치하이킹 대상 차량은 카약을 실을 수 있는 최소 캠핑카이거나 화물트럭이었다. 처음부터 카약을 도로에 놔두고 시도를 하면 아무도 세워주지 않을 것 같아 맨몸으로 히치하이킹을 시도했다. 두 시간 쯤 지났을까? 화물차 한 대를 겨우 멈추게 했지만 카약이 있다고 하자 바쁘다면서 그냥 가버린다.

한 시간을 더 기다린 후 히치하이킹을 포기하고 마을 자동차정비소를 찾아가 카약을 옮길 차량을 구할 수 있는지 물어 보았다. 사장님은 전화를 해보시고는 세르비아 돈으로 6,000(약 50유로)면 가능하다고 했다. 만족할 만한 가격이었다. 파도와 더 이상 싸우지 않아도 되었고, 아이언게이트 구간에서 배를 잡아타지 않아도 되었다. 그리고 강으로 가면 150킬로미터 정도인 U자형 거리를 자동차로는 70킬로미터만 가면 된다.

점프를 한 뒤에 다시 만난 다뉴브강은 넓고 아주 평온하다. 그리고 불가리아까지는 이제 몇 킬로미터 남지 않았다. 힘든 하루를 보내서 그런지 오늘따라 강 너머로 지는 해가 더욱 아름다워 보인다.

세르비아 카약 여행 Tipps

1. 절대 크로아티아로 넘어가지 말라
세르비아로 넘어오게 되면 제일 먼저 다가오는 배는 크로아티아 경찰이다. 그들은 절대로 크로아티아에 넘어와서 캠핑을 하거나 크로아티아 쪽에서 주행하면 안 된다고 신신당부를 한다. 제발 그 말을 믿자. 그렇지 않으면 큰일이 난다. 첫날 우리가 당했던 것과 같이 위험한 상황에 처할 수도 있게 된다.

헝가리에서 세르비아로 넘어오는 날 조금 부지런히 일어나서 헝가리 국경을 빨리 넘어 세르비아의 첫 마을을 건너뛰고 두 번째 마을 근처에서 캠핑을 하길 권한다.

2. Too much 친절 대처법
세르비아 강 주변에서 카약을 타다 보면 정말 많은 초대를 받는다. 한국인 특성상 초대를 거절하지 못하고 기꺼이 받아들이게 되는데, 먹을거리와 음료와 술 등을 접대하곤 한다. 말이 잘 통하지 않아도 함께 이야기를 나누는 것과 사진 찍는 걸 좋아한다. 부디 시간만 잘 체크하자. 초대를 받을 때 여기서 몇 분만 쉬고 간다고 미리 말해 두는 것도 나쁘지 않은 방법이다. 그렇게 말한다고 해서 싫어하지 않는다. 그들은 초대에 성공한 것만으로도 정말 기뻐한다.

3. 거친 파도와 맞서는 법
세르비아 암벽지역에 들어가면 파도가 아주 세차게 몰아친다. 파도가 적에 치는 곳을 찾아가 그곳에서 카약을 타야 한다. 개인적으로 강 중앙에서 타는 건 절대 피하라고 하고 싶다. 강 가장자리에서 타는 걸 추천하는데 전복되어도 쉽게 강기슭으로 나와 정비를 할 수 있기 때문이다.

카약을 최대한 무겁게 해서 타는 것을 추천한다. 파도와 부딪쳤을 때 무게감이 있으면 안정적이다. 파도를 가르며 탈 생각을 하지마라. 파도를 가르면 타면 출렁임은 덜하지만, 물이 카약 안으로 다 들어온다.

4. 중요한 물건은 항상 가까이
특히 저녁에 강기슭에서 캠핑을 하게 될 때는 강물과 충분한 거리를 두고 캠핑을 하고 카약은 항상 곁에 두고 자는 것을 추천한다. 중요한 물건은 텐트 안에 두며, 혹시 모를 비를 대비해서 카약을 뒤집어 놓는 것을 권장한다.

요구르트의 나라 불가리아

행복한 고민

34일차에 우리는 불가리아에 들어섰다. 다뉴브강을 타고 흘러내려
오다 보니 어느덧 남은 나라는 불가리아와 루마니아뿐이다. 남은 거리
는 약 700킬로미터. 다뉴브강 하류에서 어떤 길을 선택하느냐에 따라
거리가 줄어들 수도 있고 그렇지 않을 수도 있다.

세르바아 국경검문소를 찾아 계속해서 강을 따라 내려왔지만 검문
소는 보이지 않는다. 아마 어제 점프했을 때 검문소도 같이 점프한 것
같기도 하다. 인터넷에서 우리보다 먼저 카약으로 다뉴브강을 종주한
영국인 친구에게 물어보니 자기도 세르비아에서 나올 때 검문소를 들
르지 않았다고 한다. 결과적으로 우리가 샀던 세일링 면허증은 그냥
종이조각에 지나지 않게 되었다. 강에서 경찰을 만난 적도 없었고, 세
르비아 국경검문소는 찾지 못했기 때문이다.

여느 때와 같이 간단하게 점심을 해결하기 위해 강가에 카약을 세우
고 우리는 각자 먹을거리를 가지고 그늘로 들어갔다. 챙겨둔 블루베리
쿠키를 꺼내 먹으며 용준이에게 먹어보라며 쿠키를 건네주었더니 한입
베어 먹고는 소리를 지르며 욕설을 뱉었다. 왜 그런가 해서 다가가보니

용준이 손에는 깨진 치아 조각이 들려 있다. 치과가 있는지 없는지조차 모르는 다뉴브강 한 가운데서 치아가 깨진 것이다. 쿠키 한 번 씹었다가 치아가 깨진 상황이 어처구니가 없어서 우리 둘은 한동안 웃었다.

치아가 깨진 후로는 깨진 부분에 음식물이 남아 있지 않도록 나는 저녁마다 마치 악어새처럼 치간 칫솔로 깨진 곳에 음식물을 빼 주었다.

남은 나라도 이제 두 개밖에 안 되므로 이제 슬슬 카약을 어떻게 처리할 것인지 고민을 해야 할 때가 왔다. 다뉴브강 상류를 지날 때도 김칫국을 먼저 들이키는 성향이 강한 우리는 정확한 정보도 없이 카약을 어디서 어떻게 팔지에 대해 행복회로만 돌렸다. 마지막 흑해에 도착해서 근처 도시의 프리마켓이 열리는 시장 광장에 내다 팔지, 아니면 불가리아와 루마니아를 경계로 흘러가는 다뉴브강을 항해하다가 저녁에 정박을 하게 되면 그때 만나는 사람에게 카약을 팔면 될 거라 생각했다. 정 안 되면 오스트리아에서 만났던 루마니아 분에게 다시 연락하는 방법도 있다고 생각했고, 쉽게 처분할 수 있을 거라고 믿었다.

이제 막상 카약을 팔아야 할 때가 되자 우리는 진지하게 정보도 알아보고, 오스트리아에서 만난 루마니아 분에게도 연락을 해보았다. 우리가 상상했던 것 중 하나인 매일 루마니아에 머물면서 파는 것은 불가능한 것이었다. 세르비아, 크로아티아 사이를 지날 때와 같은 이유에서다. 불가리아 지역에서 300킬로미터 정도를 타고 어느 지점에서 루마니아로 건너가 탈 수 있다고 한다. 우리의 히든카드 루마니아 분에게 페이스북으로 연락을 취해봤는데 아직 연락이 없다. 중고로 되팔 생각으로 애지중지 다뤘던 카약인데 상황이 계속 안 좋게 된다면 루마니아에서 버리고 가는 수밖에는 없다.

흑해까지는 아직도 많은 거리가 남아서였는지, 카약을 버리고 가야 할 수도 있다는 생각 때문인지 마음이 싱숭생숭했다.

불가리아의 첫 도시 비딘Vidin에 도착하니 강에서 스포츠용 카약을 타는 사람들이 몇몇 있었다. 동지를 보면 인사를 해야 되는 게 인지상정이 되어버린 우리는 그들에게 다가가 인사를 하며 씻을 곳을 물어보았다. (사실 이게 인사를 건넨 주목적이다.) 그들은 우리가 카약 클럽하우스에서 씻을 수 있도록 허락을 해 주었고, 우리와 같은 투어링용 카약에 관심이 많은 동호회 사람들을 만날 수 있게 해 주었다. 우연히 그날 투어링용 카약을 타는 사람들의 동호회 모임이 있어 모두 한 자리에 모였는데, 우리가 끼게 된 것이다. 그들과 이야기를 나누면서 세르비아의 좁은 협곡을 이야기를 하게 되었는데, 그들도 그 협곡을 지나는 구간이 다뉴브강 종주에서 가장 어려운 부분이라며 카약이 뒤집어지지는 않았는지 물었다.

"아니, 뒤집어진 적은 없어. 아마 뒤집어졌으면 카약을 버리고 짐을 싸서 한국으로 돌아갔을 거야."

황홀한 알몸 수영

35일차. 비딘에서 간단하게 장을 보고 출발! 처음에는 파도가 그럭저럭해서 탈만 했는데 점점 사나워지기 시작한다. 중간에 도저히 안 되겠다 싶어서 46킬로미터 지점에서 만난 마을에서 멈췄다. 원래를 60킬로미터 정도를 타려고 했는데 일단 쉬어야겠다. 죽음의 세르비아 구간을 넘어 왔는데도 아직도 파도가 잠잠해지지 않고 있다.

강변에서 마켓이 어디에 있는지 물었더니 아저씨 한 분이 마티즈로 우리를 마트까지 데려다 주셨다가 다시 강변까지 태워 주셨다. 아! 은행에 들러 돈도 뽑을 수 있었다. 육지에서의 일을 마치고 다시 물 위로 돌아왔다. 장을 본 마을에서 몇 킬로미터 떨어지지 않은 곳, 캠핑하기에 제격인 언덕을 찾았다. 강가에서 그리 멀지 않으며 푸르고 평평한 언덕 그리고 강 쪽으로 확 트인 전경까지 캠핑을 하기에는 최적의 자리가 아닐까 싶다.

울창한 나무가 없어 이른 아침에 일어나야 하겠지만, 저물어가는 오후의 햇볕을 맞으며 즐길 수 있는 순간이기에 내일 일은 내일 걱정하기로 하고 이곳에서 하룻밤을 보내기로 했다. 저녁으론 슈퍼마켓에서 장을 볼 때 샀던 요리된 음식으로 해결했다. 포장음식은 설거지를 안 해도 된다는 아주 특별한 편리함을 즐길 수 있고, 휴식시간을 더 제공받을 수 있는 이점이 있다. 또 늘 같은 요리만 할 수 있었던 우리에게 다양한 맛을 느끼게 해 준다.

자전거 여행을 할 때와는 씻는 방법에서 차이가 있다. 마을에 들러 씻을 물을 구해 2리터 정도의 물로만 샤워를 했었던 것과는 달리 깨끗한 물은 아니지만 씻을 물이 항상 우리 곁에 있다. 마을에서 씻기 위해 구해온 물로 씻기 전에 먼저 다뉴브강에서 초벌 샤워라는 걸 한다. 알몸으로 들어가 자유롭게 수영을 한다. 하루 내내 더위에 달아 오른 몸을 식히면서, 땀도 씻어낸다. 거추장스러운 옷가지들을 벗어버리고 맨몸으로 물속에 들어간다는 것은 참 매력적인 것 같다. 흐르는 물이 온몸을 감싸 안는 듯한 느낌이다. 편하고, 자유롭고, 자연과 하나가 된 기분을 느낄 수 있다. 이 여행을 끝내고 나면 강에서 알몸으로 수영했던 이 순간을 매우 그리워하게 될 것 같다. 이 순간의 자유로움을.

쿨한 남자 두씨Dussi

아침 7시에 일어나서 8시 출발! 이른 아침의 다뉴브는 잔잔하다. 한 번도 멈추지 않고 60킬로미터를 달렸다. 어제 타지 못했던 거리를 만회하기 위해 한마디로 미친 듯이 달렸다. 8시부터 3시 정도까지 탔을까? 엉덩이뼈가 일그러질 것 같다.

작은 마을에 도착했을 때 불가리아 아저씨 한 분이 손짓으로 우리를 불렀다. 아저씨의 이름은 두씨Dussi다. 우리가 아침과 점심을 해결하기 위해 쇼핑을 해야 한다고 하자 두씨는 마켓까지 우리를 태워다 주었다. 말은 잘 통하지 않지만 멀쩡한 몸뚱이가 있기에 제스처를 통해 우리가 무엇이 필요한지를 잘 전달할 수 있었다.

유제품이 있는 곳에 파란색 페트병에 들어 있는 게 무엇인지 너무 궁금했다. 두씨에게 이게 뭐냐고 묻자 두씨는 과감하게 페트병 뚜껑을 열어 한번 맛을 보고는 우리에게 마셔보라며 건네주었다. 얼떨결에 나도, 용준이도 한 모금 먹어 보았는데, 우리가 기대했던 요거트 맛이 아니라 약간 술이 섞인 요거트 맛이었다. 맛이 별로라는 표정을 짓자 두씨는 아주 쿨 하게 페트병의 뚜껑을 닫고 진열대에 다시 올려놓는다.

아… 원래 이렇게 해도 되는 나라인가?

다시 두씨의 아지트로 돌아와 차려준 음식을 먹고는 아주 오래된, 겨우 소리만 날 것 같은 악기들을 들고 연주를 하며 두씨를 비롯한 친구들과 함께 시간을 보냈다. 아직 타야만 하는 거리를 채우지 못했기에 아쉬움을 뒤로하고 다음 캠핑 장소를 찾아서 카약을 탔다.

파도가 아직도 잔잔해지지 않아 목적지까지 가지 못하고 10킬로미터 정도만 더 탄 뒤에 캠핑을 할 만한 장소에 도착했다. 캠핑에 필요한 짐을 꺼내는 순간 지갑을 두씨의 집에 두고 온 게 생각나서 머릿속이

하얗게 변해 버렸다. 카약에 물이 들어가 지갑과 그 속에 들어 있던 가족사진까지도 다 젖어서 두씨의 집에서 쉬는 동안만 햇볕에 말려놓았는데, 깜빡하고 그냥 출발을 했던 것이다. 무조건 지갑을 되찾아야 했다. 그 지갑 없이는 아무것도 할 수 없다. 텐트를 치고 나서 수풀만 무성한 길을 지나 지도에 표시된 도로를 향해 갔다. 우리가 캠핑한 곳에서 3킬로미터 떨어진 곳에 국도가 있었고 어림잡아 그 도로에서 두씨집까지만 해도 적어도 15킬로미터 정도는 돼 보였다. 시간이 늦었기에해가 완전히 저물기 전에 다녀와야 한다는 생각밖에 없어서 운동화로갈아신을 생각도 못하고 슬리퍼를 신은 채 수풀을 헤쳤다. 수풀을 지나자 비포장도로로 나왔고, 그 길을 쭉 가다보니 자동차 한 대가 서 있는 게 아닌가. 나는 그 차로 달려가 정신을 반쯤 잃은 몰골로 지갑을 이전 동네에 두고 왔는데 데려다 주면 안 되느냐고 간곡히 부탁을 했고, 다행히도 그들은 나를 태워주었다. 차를 타고 동네로 가는 동안 마음이 조금은 진정되어 "정말 미안하다고 말하면서 처음 나를 보았을 때 어땠는지" 물어 보았다. 너무 당황했다고 했다. 아무도 없을 것 같은 그런 황무지와도 같은 비포장도로에서 동양인으로 보이는 남자가 한 손에는 슬리퍼를 들고 다른 한 손에는 핸드폰만 쥔 채 차를 향해 달려오니 무서웠다고 했다.

"정말 미안해 친구들, 내가 너무 당황해서 그랬어…."

그 차를 타고 오가는 동안 불가리아라는 나라의 상황에 대해서 조금 배울 수 있었다. 불가리아 일반 사람들의 한 달 임금은 보통 120유로 정도라고 한다. 그래서 많은 불가리아 사람들이 영국이나 독일처럼 잘 사는 나라로 이민을 간다고. 비록 그런 나라로 간다고 해도 좋은 직

장을 가질 수 없고, 흔히 말해 힘든 일을 하면서 그 나라 사람들보다 적은 임금을 받지만 한 달에 최소 1,000유로는 벌 수 있기에 집과 고향을 버리고 떠난다고 했다. 그들이 버리고 떠난 집이 하나 둘 늘어나 이제는 한 마을을 이루고, 그 마을에는 빈집들만 덩그러니 남아 유령마을이 생겨난다는 것이다.

섬에 고립된 37일차

어제 저녁부터 내리던 비가 아침까지 내렸다. 모든 게 다 젖었고 카약도 기대를 저버리지 않고 홍수가 나 있었다. 일단 대충 정리하고 챙겨서 출발했다.

파도가 뒤에서 치기 시작했다. 지금까지는 파도가 앞과 옆에서만 쳐서 앞으로 전진하는 게 힘들었는데, 이제는 우리가 바라던 대로 파도가 카약 뒤꽁무니를 후려친다. 뒤에서 파도가 치면 카약이 잘 나갈 거라는 기대와 달리 카약을 컨트롤하는 게 더 어렵다. 파도가 앞에서 치는 것보다 훨씬 더 위험하다는 것을 깨달은 우리는 10킬로미터 정도를 달리고는 멈출 수밖에 없었다.

우리는 파도가 잠잠해지길 기다리면서 불을 피워 몸을 녹이고, 젖은 텐트를 꺼내서 말리기 시작했다. 어느 정도 텐트도 마르고 파도도 잠

잠해지는 것 같아서 출발 준비하는 찰라 비가 다시 내리기 시작했다. 거의 다 말랐던 텐트도 다시 다 젖었다. 모든 게 도루묵이 되었다. 불은 겨우 살릴 수 있어 그나마 다행이다.

한 시간 후 소낙비는 그쳤지만, 파도는 다시 심하게 몰아치기 시작했고 우리는 섬에서 꼼짝 없이 발이 묶이고 말았다. 그래도 늦은 점심으로 라면에 참치를 넣어 풍족하게 해치웠다. 든든히 먹은 뒤여서 다시 힘을 내 어떻게든 거친 파도와 맞서 싸우기 위해 카약을 조금 개조해 보았다. 긴 나무를 두 대의 카약의 맨 앞과 맨 뒤에 묶어 두 카약이 평행을 이루도록 만든 것이다. 하나의 카약으로 파도를 맞서는 것보다 두 카약을 연결하면 파도에도 버틸 수 있지 않을까? 하는 생각으로 고안한 것이다. 완성된 카약을 들고 강으로 들어가는 순간 파도가 한 번 치니 정사각형의 모양을 이루고 있던 카약이 평행사변형으로 바뀌었다. 일단 후퇴. 얄팍한 지식과 부족한 조립 실력으로 다뉴브의 거친 파도와 맞서기엔 턱 없이 부족하다.

파도는 잠잠해질 기미가 보이지 않는다. 모든 걸 포기하고 이 섬에서 캠핑을 하기로 했다. 쌀로 밥을 지어 맛있는 저녁도 해먹고 달콤한 쿠키로 후식도 먹었다. 우리의 주업인 카약은 타지 않고 엄청 먹가면 한 날로 기억될 것이다.

모기와의 전쟁

드디어 파도가 심한 마의 구간으로부터 탈출하는 데 성공했다. 그곳을 벗어나니 정말 잔잔했다. 아침에 파도가 약해져서 그곳을 나올 수 있었던 게 아니라 꼭 벗어나야 했기에 안간힘을 다해 탈출했었던 것이다. 마의 구간을 빠져 나온 뒤로는 유속이 빨라져 아주 편하게 카약을 탈 수 있었다.

콘스탄타Constanta로 최종 목적지가 변경될 것 같다. 루세Ruse에 도착해서 인터넷으로 콘스탄타까지 카약으로 갈 수 있을지 확인해볼 예정이다. 만약에 그게 가능하다면 우리는 최종 목적지를 바꿀 것이다. 많은 이점이 있다. 우리의 원래 목적지인 툴체아Tulcea보다 크고, 놀 거리도 많고, 아울렛이 있어서 쇼핑도 할 수 있다. 우리는 그냥 흑해로만 가면 된다.

니코폴Nikopol에서 약간의 장을 보고 조금 달리다가 캠핑을 했다. 물이 깨끗해서 강에서 초벌 샤워하고 나왔다. 온몸이 간지러웠다. 눈에 보이기에만 깨끗할 뿐 미생물들이 많아 몸에 달라붙어 그런 걸까 하고 생각했는데, 알고 보니 강에서 씻고 나오던 그 짧은 시간에 모기들의 공격을 받은 것이다. 다시 모기와의 전쟁이 시작 되었다.

이젠 다뉴브강의 모든 것이 익숙하다. 지나다니는 선박들과 작은 요트들 그리고 그들이 만들어낸 파도마저 이젠 두렵지 않다. 다뉴브강을 뜨겁게 태우며 지는 노을마저도 더 이상 특별한 게 아니다. 어쩌면 내가 살고 태어났던 대한민국도 저렇게 멋진 노을이 있는데 내가 보지 못한 게 아닌가 싶다. 아침 햇살 덕분에 깨어 일어나 하루 동안 탈 다뉴브강을 멍하니 바라보는 것도 익숙하다. 이젠 오랫동안 타도 허리와 팔, 어깨가 아프지도 않다. 점점 다뉴브강 원주민이 되어 가고 있는 것 같다. 하지만 아직 모기에는 익숙해지지 않는다. 모기향 없이는 절대 캠핑을 못 한다.

Good afternoon 39일차

나도 모르게 일찍 일어나 버렸다. 6시였다. 이른 새벽은 너무 쌀쌀해서 불부터 피웠다. 따뜻한 커피를 마시고 나니 몸이 조금 녹는 것 같고 잠이 깨는 것 같다. 이제는 익숙해진 우리의 일자리로 돌아간다.

520킬로미터 지점에서 캠핑을 하기로 했는데 장소가 적당하지 않아서 조금 더 달려 작은 마을에 도착할 수 있었다. 할아버지 두 분이 강가에서 낚시를 하고 계셨다.

우리가 다가가자 윙크와 함께 'good afternoon!'하고 인사를 건네신다. 말 한마디와 제스처에서 나오는 여유로움과 삶의 세월이 느껴져 너무 멋있어 보였다. 저렇게 늙고 싶다. 할아버지의 도움으로 캠핑할 곳을 구할 수 있었고, 지하수가 나오는 호수에서 오랜만에 깨끗한 물로 엄청 개운하게 샤워를 할 수 있었다.

이 작은 마을에 레스토랑이 있는 것에 놀랐고 그 레스토랑에 와이파이가 된다는 사실에 한 번 더 놀랐다. 와이파이가 절실하게 필요했던 우린 밥을 해먹는 걸 포기하고 레스토랑에서 저녁을 먹으며 인터넷을 이용하기로 했다.

콘스탄타로 최종 목적지를 변경하고 싶었던 우리는 위성을 통해 콘스탄타로 가는 다뉴브강을 찾아보았다. 그곳까지 다뉴브강이 잘 뻗어 있지만, 중간에 큰 댐이 두 개가 있다. 카약이 지나갈 수 있도록 열어준다면 다행이지만, 열어주지 않는다면 우린 카약을 들고 옮겨야 한다. 다신 이런 도박은 하지 않기로 한 우리는 콘스탄타로 가는 걸 포기했다.

카약은 루세Ruse 아니면 루마니아 첫 도시에서 팔기로 결정했다.

텐트 폴대를 잇는 줄이 폴대 속에서 끊어져 버렸고, 내 카약 뒤의 짐 칸 고무덮개가 찢어졌다. 왜 찢어졌는지 이해할 수 없었고 어처구니가 없어서 너무 화가 났다. 이대로라면 카약을 팔 수 있을지 의문이다. 우리의 여행이 끝나간다는 걸 암시하는 표시일까?

카약을 되팔다

어제 "good afternoon!"이라고 인사를 해 주신 할아버지에게 혹시나 해서 루세에서 카약을 팔 수 있는 장소를 알 수 있냐고 물었더니 마침 할아버지는 친구가 며칠 전 카약을 사고 싶다는 말을 했다면서 그에게 바로 전화를 걸어 루세에서 우리와 만날 수 있도록 소개해 주었다. 그분과는 1시에 루세 요트클럽에서 만나기로 했다. 요트클럽에서 고객과 만난 우리는 한 달 전에 독일에서 산 새 카약이라고 광고를 하면서 시승해볼 것을 권했다. 고객은 카약을 시승해본 후 역시 독일산이라며 아주 흡족한 반응이었다. 문제는 가격에 대한 의견차였다. 선진국인 독일과 불가리아의 물가 차이는 무시하지 못한다. 밑지고 장사하지 못 하는 우리는 독일의 중고 카약 시세로 밀어 붙였다. 기나긴 협상 끝에 우리는 독일에서 카약을 샀던 가격에서 정확히 절반 가격으로 카약을 넘겼다.

범죄를 저지른 것도 아닌데 뭔가에 쫓기는 기분이 들어서 가장 빠른 버스를 타고 루마니아로 부크레스트Bucharest로 달려 미리 예약을 했던 호텔로 들어갔다. 흑해까지의 여정은 남아 있지만, 더 이상 카약을 타지는 않는다.

불가리아 카약 여행 Tipps

출입국 도장 받기

세르비아에서 불가리아로 넘어올 때 불가리아 검문소 같은 걸 찾아볼 수가 없다. 출입국의 도장을 받으려면 처음 도착한 도시 비딘Vidin 출입국사무소에 가서 도장을 받으면 된다. 인터넷으로 만난 영국인 친구는 도장을 받지 않고 불가리아를 통과한 다음 루마니아에서 도장을 받았다고 하는데, 혹시 모를 상황을 대비해서 도장을 받아 놓자.

불가리아 지역에서 달리기

다뷰브강 불가리아 지역으로 접어들면 오른쪽으론 불가리아가 있고 왼쪽으로 루마니아가 있다. 이곳은 세르비아와 크로아티아 사이를 지날 때와 마찬가지로 한 나라 쪽에서만 타야 한다. 불가리아에서 500킬로미터 정도를 달려 루세Ruse를 지난 후 루마니아 지역으로 넘어가 카약을 탈 수 있다.

일교차

아침저녁으로 일교차가 심하게 난다. 특히 강 옆에서 캠핑을 하기 때문에 온도 차이가 더 심한 것 같다. 체감으로 저녁보다 아침에 온도가 더 많이 내려간다. 종종 아침에 일어나면 따뜻한 모닥불 없이는 견디기 힘들 정도로 추울 때도 있다. 새벽에 추워서 깬 적도 있으니 긴팔, 긴 바지를 챙기기 바란다.

루마니아에서의 며칠

부크레스트Bucharest

부크레스트의 호텔에서 3일을 보냈다. 사람 하나 없는 다뉴브강에서의 저녁이 아니라 사람들이 많이 사는 도시에서의 저녁. 우리는 사람들과 어울려 생활하는 약간의 적응 기간이 필요했다. 일반인들이 일하는 시간에 카약을 타고, 퇴근시간쯤 되서 장만 보고 다시 카약에 다시 올라 늦은 오후부터 사람이 없는 곳에서 캠핑을 했다. 사람 사는 사회에 벗어나 살았던 시간도 한 달이 지나가니 보통사람들의 생활 패턴에 어울리기가 어려웠다. 저녁 시간 때 일반인들의 어울리기 위해 바에서 맥주 한 잔씩이라도 마셔야 되는데 몸에 밴 습관 때문인지, 다뉴브강의 사람 없는 곳에서 캠핑을 하듯 사람들을 피해 호텔로 들어간다.

하루를 시작할 때 항상 용준이와 했던 핸드세이크와 하루에 한 번씩은 꼭 찍었던 영상 클립들을 모아 하나의 비디오를 만들었다. 카약을 탔던 40일이라는 시간이 짧게 느껴졌다. 영상을 보면서 우리가 노를 저었던 거리와 다이내믹 하면서도 다사다난 했던 하루하루가 주마등처럼 스쳤다.

이제는 흑해를 향해 가는 일만 남았고, 그곳에서 우리는 축제를 즐기기만 하면 된다.

마지막 흑해로 가는 길

3일간의 휴식을 끝내고 우리 여행의 최종 목적지인 흑해를 향해 발걸음을 옮겼다. 떠나기 전날 기차역에 가서 표를 예매했다. 어렸을 때 명절이면 기차를 타고 할아버지 댁으로 갔는데 그때 보았던 순천역과 흡사했다. 인터넷 발권이 아닌 현장 발권에서 발권하는 기차표가 가슴을 더욱 설레게 한다.

부크레스트에서 세 시간 반 정도 열차를 타면 콘스탄타에 도착할 수 있다. 이렇게 오래된 열차는 처음 보는 것 같다. 한국에서는 경험해보지 못한 그런 열차이다. 냉방 시설이 갖춰져 있지 않아서 기차 내부는 마치 백숙을 삶는 찜통과 같았다. 그나마 다행인 것은 창문을 열 수 있었다는 것이다. 땀에 흠뻑 젖은 채 꾸벅꾸벅 졸다 보니 어느새 콘스탄타에 도착을 했는데, 지중해처럼 큰 바다는 아니지만 그래도 명칭은 바다다. 파도 또한 강에서 보던 것과는 차원이 다르게 끊임없이 거칠게 몰아치고 있었다. 과연 다뉴브를 통해 흑해로 들어 왔다면 저런 파도를 이겨낼 수 있었을지 의문이다. 카약과 함께 다뉴브 종주를 마무리하는 감동적인 엔딩은 아니었지만 그래도 우리는 목표로 삼았던 흑해의 바닷가에서 여행을 마치고 있다. 도전했고 이곳에 서 있는 것이다.

루마니아 카약 여행 Tipps

다뉴브강의 하류

루마니아에서는 카약을 타지 않아 우리가 체험한 것을 바탕으로 팁을 주기는 어렵다. 하지만 루마니아 하류에서 카약을 탈 때는 조심하라는 말을 많이 들었다. 흑해와 가까워질수록 흑해로 빠져 나가는 지류들이 많이 나눠지므로 항상 지도를 잘 보고 다녀야 한다. 한번 길을 잘못 들면 물살이 너무 세서 되돌아오기 힘들다고 한다. 또한 하류는 습지가 많아 캠핑할 수 있는 장소도 찾기 힘들다고 한다.

Epilogue

자전거 여행을 할 때는 뚜렷한 목표를 가지고 여행을 시작했고 그에 따른 좋은 결과를 얻을 수 있었다. 하지만 카약 여행에서는 단지 새로운 스포츠에 대한 도전과 여행을 하는 데만 의의를 두었다. 그 두 가지를 실현하기 위해서는 특별한 노력이 필요하지 않고 카약을 타기만 하면 되었다.

여행의 막바지에 도달했을 때 문득 떠오른 생각은 "다뉴브강과 환경이란 주제를 가지고 탔으면 어땠을까?"라는 생각이 들었다. 카약을 타면서 환경단체나 다뉴브강 수질 보호에 관련된 단체들을 만나지 못해도 우리가 지금까지 타고 오면서 상류와 하류의 수질 변화를 기록하거나, 강가에서 만난 그 나라 사람들을 통해 다뉴브강에 대해 이야기를 듣는 것만으로도 충분히 재미있는 내용을 만들지 않았을까 생각된다.

세르비아를 지날 때 만난 다뉴브강에 대한 저널을 쓰시는 분이 말하길 자기가 어렸을 때는 강물이 아주 맑아서 항상 강에 가서 놀았다고 한다. 그에 비해 오늘날의 수질 상태는 너무 좋지 않다면서 다시 깨끗한 다뉴브강을 볼 수 있도록 노력 중이라고 했다.

자전거로 유라시아 대륙을 달렸고, 배를 타고 다뉴브강 물살을 갈랐다. 이렇게 육지와 수상에서 무동력으로 여행하는 걸 마치고 나니 이제는 하늘을 여행하고 싶은 마음이 생긴다. 무동력으로 하늘여행을 하긴 어렵겠지만, 최대한 내 힘으로 할 수 있는 모험을 해보고 싶다.

다음에는 어떤 모험을 하게 될지 아직은 알 수 없지만 분명한 것은 늘 그랬듯이 생각 없이 '막' 도전하는 것이다.

자전거와 카약으로

2만 킬로미터를 달려간 남자

지은이 이준규

발행일 2018년 10월 30일

펴낸이 양근모

발행처 도서출판 청년정신 ◆ **등록** 1997년 12월 26일 제 10—1531호

주 소 경기도 파주시 문발로 115 세종출판벤처타운 408호

전 화 031)955—4923 ◆ **팩스** 031)955—4928

이메일 pricker@empas.com